Linde • Dittrich
Biogasanlagen

Fachwissen Feuerwehr

D1698445

FACHWISSEN FEUERWEHR

Linde • Dittrich

BIOGASANLAGEN

Bibliografische Informationen der Deutschen Nationalbibliothek

Die Deutsche Nationalbibliothek verzeichnet diese Publikation in der Deutschen Nationalbibliografie; detaillierte bibliografische Daten sind im Internet über <http://dnb.d-nb.de> abrufbar.

Bei der Herstellung des Werkes haben wir uns zukunftsbewusst für umweltverträgliche und wiederverwertbare Materialien entschieden.
Der Inhalt ist auf chlorfrei gebleichtes Papier gedruckt.

ISBN 978-3-609-68446-8

E-Mail: kundenbetreuung@hjr-verlag.de

Telefon: +49 89/2183-7928
Telefax: +49 89/2183-7620

© 2013 ecomed SICHERHEIT, eine Marke der Verlagsgruppe Hüthig Jehle Rehm GmbH
Heidelberg, München, Landsberg, Frechen, Hamburg

www.ecomed-storck.de

Dieses Werk, einschließlich aller seiner Teile, ist urheberrechtlich geschützt. Jede Verwertung außerhalb der engen Grenzen des Urheberrechtsgesetzes ist ohne Zustimmung des Verlages unzulässig und strafbar. Dies gilt insbesondere für Vervielfältigungen, Übersetzungen, Mikroverfilmungen und die Einspeicherung und Verarbeitung in elektronischen Systemen.

Satz: abavo GmbH, 86807 Buchloe
Druck: Kessler Druck + Medien, 86399 Bobingen

Vorwort

Das Ziel der Broschürenreihe „Fachwissen Feuerwehr“ besteht darin, die Feuerwehrangehörigen mit dem notwendigen Wissen auszustatten, das erforderlich ist, um aufgabengerecht und wirkungsvoll tätig zu werden.

Sie ist vorrangig für die Feuerwehrangehörigen vorgesehen, die erstmals in das Thema Feuerwehr „einsteigen“ und für diejenigen, die sich ein solides Basiswissen aneignen möchten.

Die Broschüren sind typische Ausbildungsliteratur, sie können zur Lehrgangsvorbereitung und -begleitung genutzt werden. Das praktische Broschürenformat ermöglicht eine leichte Handhabung in der Praxis.

Die Funktionsbezeichnungen und personenbezogenen Begriffe gelten sowohl für weibliche als auch für männliche Feuerwehrangehörige.

Im Zuge der Verknappung fossiler Brennstoffe wird die Suche nach alternativen Energieträgern immer wichtiger. Neben Windenergie und Fotovoltaik gewinnt in den letzten Jahren die Energieerzeugung aus Biomasse als regenerativer Energieträger immer mehr an Bedeutung. Neben der Klärschlammvergasung und dem Deponiegas, die schon seit Langem angewendet werden, hat in den letzten Jahren die Erzeugung von Biogas aus der Vergasung von Biomasse stark zugenommen. Landwirtschaftliche Biogasanlagen beginnend von kleinen bis hin zu großen Anlagen mit einer Energieleistung im Megawattbereich werden in den letzten Jahren verstärkt errichtet. Die Zahl der in Deutschland im Betrieb befindlichen landwirtschaftlichen Biogasanlagen hat die Zehntausendermarke bereits deutlich überschritten. Mit der zunehmenden Verbreitung dieser Anlagen wächst auch die Zahl der Einsätze für die Feuerwehren. In erster Linie sind hiervon Feuerwehren im ländlichen Bereich betroffen. Wenn nicht der Betreiber selbst Mitglied der örtlichen Feuerwehr ist, so verfügt diese häufig nicht über die notwendigen Fachkenntnisse über Aufbau und Funktion dieser Anlagen, um im Einsatzfall schnell und richtig reagieren zu können.

Insbesondere gilt dies für die vorhandenen Sicherheitseinrichtungen, die auch zum Schutz von Einsatzkräften im Störungsfall vorgehalten werden. Es sollte in jedem Fall sichergestellt sein, dass im Einsatzfall die Feuerwehren über die Funktionsweise einer solchen Anlage und insbesondere über eventuell vorhandene Sicherheitseinrichtungen ausreichend informiert sind. Es wäre fatal, wenn Einsatzkräfte in Unkenntnis über vorhandene Sicherheitseinrichtungen unnötigen Risiken ausgesetzt würden.

Die vorliegende Broschüre soll helfen, diese Informationslücke zu schließen. Dazu werden Aufbau und Funktionsweise der einzelnen Bestandteile einer Biogasanlage beschrieben und im Hinblick auf mögliche Störfälle beurteilt. Des Weiteren werden für die unterschiedlichen Gefährdungsbereiche entsprechende Störfallszenarien betrachtet und das taktisch richtige Vorgehen erläutert. Ziel dieser Broschüre ist es nicht, Musterlösungen für einen möglichen Einsatz einer Feuerwehr in einer Biogasanlage zu liefern. Vielmehr soll durch diese Broschüre dem Einsatzleiter die Möglichkeit gegeben werden, in einem realen Einsatzfall eine realistische Risikoabschätzung zu treffen und ihm eine Bandbreite an taktischen Möglichkeiten der Gefahrenabwehr aufzuzeigen.

Derzeit existiert eine Vielzahl unterschiedlicher Biogasanlagen. Die Bandbreite reicht von industriell gefertigten „Serienprodukten“ bis zu kleinen Selbstbauanlagen, die u.U. keinerlei Prüf- oder Genehmigungsverfahren durchlaufen haben und für die keine anlagenspezifische Gefährdungsanalyse vorliegt. Dieses Buch kann nicht auf jeden einzelnen Anlagentyp eingehen. Die beschriebenen Verfahren und angegebenen Fakten beziehen sich daher auf die überwiegend im Betrieb befindlichen Anlagen. Trotzdem die in der Broschüre wiedergegebenen Daten und Fakten gründlich recherchiert wurden, ist eine Haftung im Sinne des BGB für die Inhalte ausgeschlossen. Im Einsatzfall gelten grundsätzlich die in den Unterlagen der jeweiligen Anlage wiedergegebenen Objektinformationen.

Korbach, im April 2013 — Christof Linde, Bernd Dittrich

Inhalt

1 Funktionsweise und Aufbau von Biogasanlagen

1.1 Funktionsweise einer Biogasanlage

In der Biogasanlage (BGA) werden verschiedene Rohstoffe, z.B. Bioabfall, Gülle, Klärschlamm, Fette oder Pflanzen in einen luftdicht verschlossenen Fermenter eingebracht. Dadurch entsteht der anaerobe Gär- oder Fäulnisprozess, der das Biogas erzeugt, das je nach Ausgangsstoff aus 40–75 % Methan, 25–55 % Kohlenstoffdioxid, bis zu 10 % Wasserdampf sowie darüber hinaus aus geringen Anteilen Stickstoff, Sauerstoff, Wasserstoff, Ammoniak und Schwefelwasserstoff besteht.

Das Biogas wird zur dezentralen gekoppelten Strom- und Wärmeerzeugung in Blockheizkraftwerken (BHKW) genutzt (Kraft-Wärme-Kopplung).

Abbildung 1: Luftbild einer Biogasanlage (Quelle: Rube)

Das Gasgemisch wird getrocknet (der Wasseranteil im Biogas wird reduziert), durch Einblasen von kleineren Mengen Frischluft entschwefelt und dann einem Verbrennungsmotor zugeführt, der einen Generator antreibt.

Der so produzierte Strom wird in das öffentliche Netz eingespeist. Die in dem Abgas und Motorkühlwasser enthaltene Wärme wird in Wärmetauschern zurückgewonnen.

Ein Teil dieser Wärme wird benötigt, um die Fermenter zu beheizen. Die anfallende überschüssige Wärme des Motors kann zum Beheizen von Gebäuden oder zum Trocknen der Ernte (Getreide) genutzt werden. Besonders effektiv arbeiten Anlagen, wenn die überschüssige Wärme ganzjährig genutzt wird.

Es gibt inzwischen auch Projekte, bei denen das Biogas aufbereitet und ins Erdgasnetz eingespeist wird. Dadurch werden Biogasanlagen auch an Standorten ohne Wärmeabnehmer sinnvoll genutzt. Man kann auch das Biogas aufbereiten und als Treibstoff für gasbetriebene Fahrzeuge einsetzen.

Die vergorenen Rohstoffe werden als landwirtschaftliche Düngemittel verwendet. Sie sind chemisch weit weniger aggressiv als Rohgülle, die Stickstoffverfügbarkeit ist besser und der Geruch weniger intensiv.

1.2 Aufbau und Technik

Hauptkomponente einer Biogasanlage ist der sogenannte Fermenter, in diesem findet die eigentliche Erzeugung von Biogas statt. Die weiteren Komponenten dienen entweder der Beschickung des Fermenters mit Gärsubstrat bzw. der Entsorgung und Lagerung der Gärreste. Weitere Komponenten dienen zur Lagerung und Aufbereitung des Gases. Abhängig von der Art der Nutzung des gewonnenen Biogases zählen auch die Komponenten zur Nutzung von Biogas und Prozesswärme zum Aufbau.

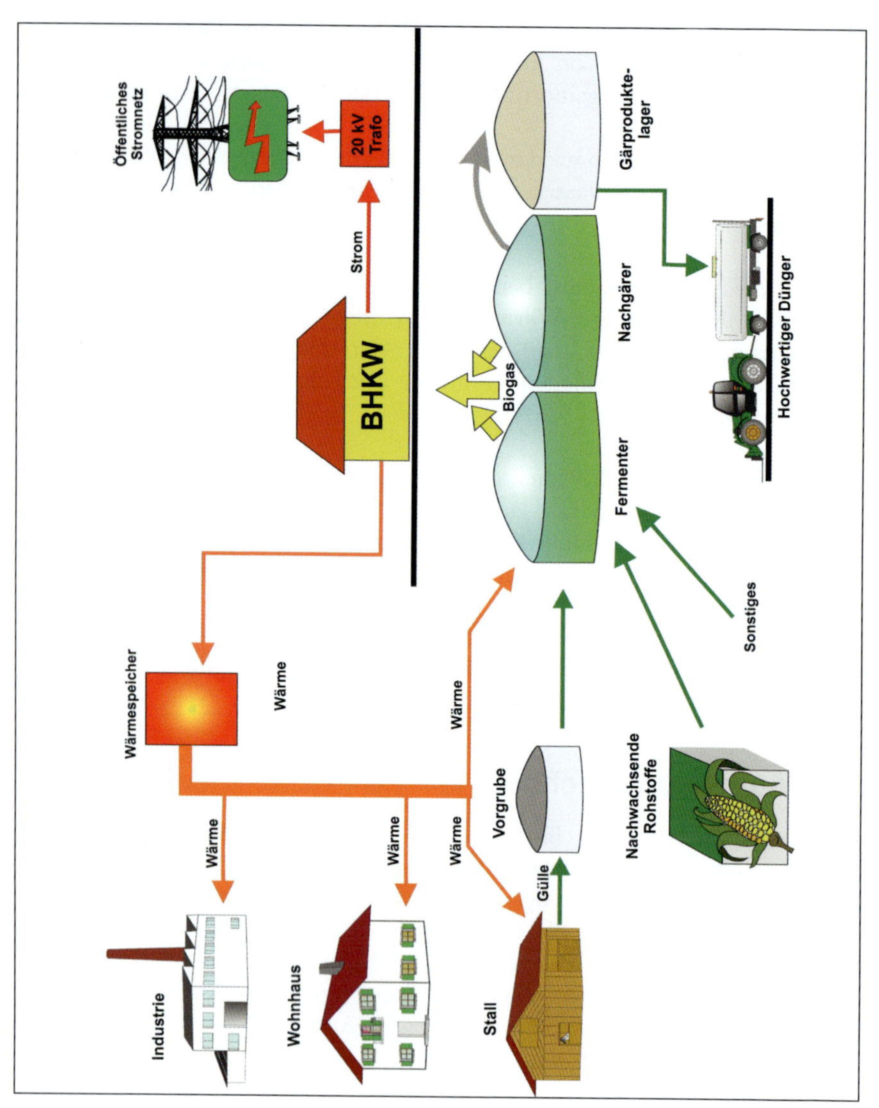

Abbildung 2: Funktionsbild einer Biogasanlage (Quelle: Verfasser)

1.2.1 Vorgruben

Vorgruben sind als Betongruben ausgeführte Behälter. Die pumpfähigen Tierfäkalien (z.B. Rinder- und Schweinegülle) werden in einer Vorgrube aufgenommen. Nach Homogenisierung durch ein Rührwerk wird das zur Vergärung vorgesehene Material mithilfe der Pumpstation in den Fermenter gepumpt.

Abbildung 3: Vorgrube (Quelle: Verfasser)

1.2.2 Einbringen der Feststoffe

Werden in einer Biogasanlage neben flüssigem Gärsubstrat, wie Gülle, auch zusätzliche feste Gärsubstrate, sogenannte Kofermente, eingesetzt, so werden für die Einbringung dieser Stoffe Anlagen benötigt, die in der Lage sind, diese Feststoffe kontrolliert und sicher in die Anlage einzubringen. Das Einbringen der Feststoffe in den Fermenter geschieht über eine Schnecken-Fördertechnik. Diese Anlagen sind in der Regel so gestaltet, dass eine Tagesration aufgenommen werden kann und diese in mehreren Intervallen automatisch dem Fermenter zugeführt wird (wie in Kapitel 3.4 „Giftgasfreisetzung in Beschickungsanlage“ dargestellt, kann diese Lagerung bei unsachgemäßer Beschickung der Vorratsbehälter zu ungewollten chemischen Reaktionen führen, die unter Umständen zur Freisetzung gefährlicher Gase führen können).

Abbildung 4: Feststoffaufgabe (Quelle: Verfasser)

Abbildung 5: Förderschnecke (Quelle: Verfasser)

1.2.3 Fermenter

In dem Fermenter, dem Herzstück einer Biogasanlage, wird das Biogas gewonnen. Der Fermenter besteht aus einem zylindrischen Betonbehälter. Der Betonzylinder ist zum Teil in den Untergrund eingelassen, der überwiegende Teil des Zylinders befindet sich in der Regel oberirdisch. Um Wärmeverlusten entgegenzuwirken, ist der Fermenter nach außen hin isoliert.

Je nach Bauart, wird der Fermenter entweder mit einem Betondeckel oder mit einer Folienabdeckung verschlossen. Im Fermenter setzen Bioorganismen, durch Wärmezufuhr angeregt, Teile des zugeführten Gärsubstrats in Biogas um.

Im Fermenter erfolgt der Vergärungsprozess unter Ausschluss von Sauerstoff. Er muss gas-, wasserdicht und lichtundurchlässig sein. Eine Heizung an den Wandungen, die über das BHKW gespeist wird, sorgt für eine Temperatur von ca. 38 bis 41 °C. Der Luftraum über dem Gärsubstrat im Fermenter dient in der Mehrzahl der Fälle als Speicherraum für das produzierte Biogas. Dazu wird der Fermenter mit einer PE-Gasspeicherfolie und einer PE-Tragluftfolie (Wetterschutz) ausgestattet. In dem Fermenter befinden sich Rührwerke. Diese sorgen für eine optimale Durchmischung des Gärsubstrats und verhindern insbesondere, dass eingebrachte Feststoffe (Kofermente) sich am Boden des Fermenters absetzen können.

Abbildung 6: Fermenter
(Quelle: Verfasser)

Abbildung 7: Innenansicht Fermenter
(Quelle: Denhof)

Die hier beschriebene Bauart von Fermentern wird überwiegend verwendet. Daneben existiert noch eine Vielzahl weiterer Fermentertypen, auf deren spezielle Bauart zum Zwecke der Übersichtlichkeit hier nicht weiter eingegangen werden soll. Allen diesen Fermentertypen gemein ist die Tatsache, dass das erwärmte Gärsubstrat mikrobiologisch aufbereitet wird und dabei Biogas freigesetzt wird.

1.2.4 Nachgärer

Nach einer Verweildauer von ca. 30 Tagen wird das vergorene Substrat aus dem Fermenter in einen baugleichen Nachgärer gepumpt. Dieser Nachgärbehälter erfüllt mehrere Funktionen:

- Vervollständigung der Biogasproduktion durch eine Nachvergärung.
- Erhöhung der Betriebssicherheit bei Ausfall oder Störung des Fermenters; der Nachgärer kann die Funktion des Fermenters übernehmen.

Nach einer weiteren Verweildauer von ca. 30 Tagen wird das ausgefaulte Endprodukt in das Endlager gepumpt. Das im Fermenter (ca. > 75%) und im Nachgärbehälter (ca. < 25%) entstandene Biogas gelangt über die Foliengasspeicher, ein Absperrventil, eine Deflagrationssicherung und einen Kondensatabscheider zu den Gasmotoren im BHKW.

Wichtig zu beachten ist, dass auch der Nachgärbehälter im Prinzip die gleichen Bedingungen wie der Fermenter erfüllen muss, sonst funktioniert die Gasproduktion im Gärrestelager einer Biogasanlage nicht. Dieser kann aber auch als Endlager genutzt werden.

1.2.5 Lagerung des vergorenen Substrats

Nach der Fermentierung werden die Gärreste aus dem Nachgärbehälter in einem Gärrestelager sachgemäß zwischengelagert. Je nach Aufbau und Funktionsweise einer Anlage kann dies auf befestigten Freiflächen geschehen, in einer Halle oder in einem geschlossenen System. Letzteres kann die Nachgärung fördern und somit weiteres Biogas freisetzen.

Dieser Reststoff aus dem Gärrestelager dient aufgrund seines hohen Nährstoffgehaltes als idealer Dünger für die Landwirtschaft und kann ebenso als Kompostgrundlage verwendet werden.

Abbildung 8: Gärrestelager (Quelle: Verfasser)

1.2.6 Gasspeicher

Da zwischen Gasproduktion im Fermenter und der Abnahme des Gases durch mögliche Verbraucher, wie zum Beispiel Blockheizkraftwerke, Schwankungen auftreten können, benötigen alle Biogasanlagen einen Gasspeicher. Diese Gasspeicher sind in der Regel als Niederdruckgasspeicher in Folienbauweise hergestellt. Man unterscheidet dabei zwischen externen Gasspeichern und internen Gasspeichern.

Externe Gasspeicher werden meist in Form von größeren Folienblasen realisiert. Das Gas des Fermenters strömt dabei unter Eigendruck in die Folienblase, welche sich abhängig vom Füllgrad unterschiedlich ausbeult.

Der weitaus am häufigsten anzutreffende Gasspeichertyp ist der interne Gasspeicher. Hierzu wird ein ausreichend großer Raum oberhalb des Fermenters mit einem Foliendach gasdicht abgedeckt. Ist der Gasspeicher als Abdeckung über dem Fermenter ausgeführt, dient eine Holzbalkendecke bzw. eine Gurt-Netz-Konstruktion als Besiedelungsoberfläche für Schwefelbakterien sowie als räumliche Trennung zwischen Gasraum und Fermenter.

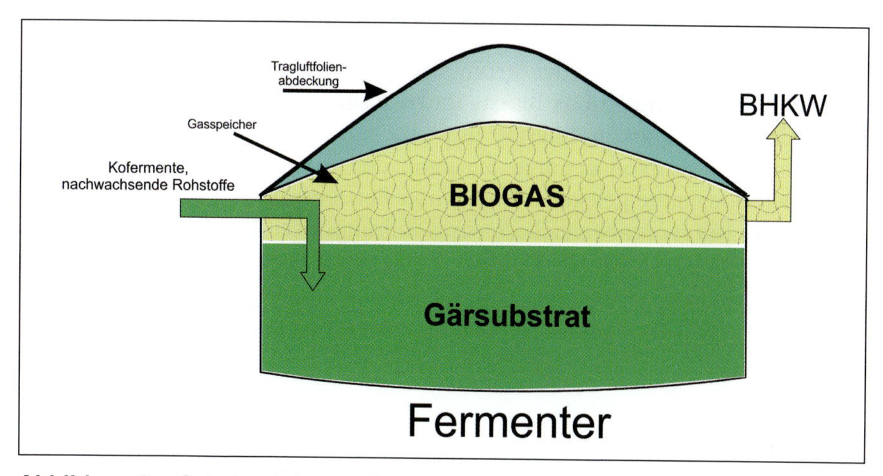

Abbildung 9: Schnittzeichnung Fermenter mit Gasspeicher (Quelle: Verfasser)

Abbildung 10: Innenansicht Holzladung und Netz für Schwefelabscheidung (Quelle: Denhof)

Abhängig von der Biogasproduktion und der Gasabnahme des BHKWs hebt und senkt sich die flexible Außenhaut je nach Füllmenge. Das Gasvolumen lässt sich mit einer Gas-Füllstandsmessung bestimmen.

1.2.7 Verbrennung des entstandenen Biogases

Ein Blockheizkraftwerk ist der Strom- und Wärmeerzeuger einer Biogasanlage. Das BHKW wandelt das Biogas in der Regel durch Verbrennungsmotoren und Generatoren in Energie um. Auch die anfallende Abwärme der Motoren wird sinnvoll genutzt. Sie kann den Fermenter der Biogasanlage erwärmen oder nahe gelegene Wohn- und Betriebsräume heizen. Wartungs- und Schallschutzvorgaben sichern einen reibungslosen Betrieb.

Abbildung 11: Blockheizkraftwerk (Quelle: Behle, Korbach)

1.3 Faulgas/Deponiegas

Wesentlich länger als die Produktion von Biogas aus Gülle, Biomasse und sonstigen Kofermenten wird der Prozess der Methangasproduktion aus Klärschlamm sowie aus Deponiegas betrieben.

Der bei der Abwasserreinigung anfallende Klärschlamm wird in sogenannten Faultürmen unter Luftabschluss zum Faulen und damit zur Klärgasproduktion/Faulgasproduktion genutzt. Diese Faultürme entsprechen in ihrer Funktion den Fermentern in Biogasanlagen. Das hier gewonnene Gas wird in der Regel analog zu den Biogasanlagen in Blockheizkraftwerken zur Stromerzeugung und zur Prozesswärmegewinnung verwendet.

In der Vergangenheit wurden anfallende Haushaltsabfälle in der Regel unsortiert deponiert. Aufgrund der fehlenden Mülltrennung enthalten diese Deponien einen erheblichen Anteil an biologisch abbaubaren Materialien.

Daneben enthalten derartige Abfälle auf Mülldeponien auch viele kohlenwasserstoffhaltige Abfallprodukte. Zum Schutz der Umwelt werden derartige Mülldeponien gasdicht verschlossen. Durch diesen Abschluss kommt es in der Deponie zu einem bakteriologischen Abbau der organischen Bestandteile sowie teilweise zu einer chemischen Zersetzung des auch kohlenwasserstoffhaltigen Deponiegutes. Dieses Deponiegas wird zum Schutz der Umwelt sowie zum Zwecke der Energiegewinnung nach einer entsprechenden Reinigung in der Regel ebenfalls in Blockheizkraftwerken verbrannt.

Während sich das Faulgas aus Kläranlagen in seiner Zusammensetzung praktisch nicht von Biogas unterscheidet, enthält Deponiegas zusätzlich chemische Zersetzungsprodukte des deponierten Abfalls. So enthält Deponiegas neben dem vom Biogas her bekannten Schwefelwasserstoff unter anderem auch die Chlor-Kohlenwasserstoffverbindung C_2H_3Cl (Chlorethen, VC) sowie viele weitere verschiedene organische Kohlenwasserstoffe, darunter auch Halogenkohlenwasserstoffe.

Für Faulgas aus Kläranlagen gilt aufgrund der identischen Zusammensetzung die gleiche Gefahreneinschätzung wie für Biogas. Bei Deponiegas sind zusätzlich noch die möglichen Gefährdungen aufgrund der im Biogas nicht vorhandenen organischen Kohlenwasserstoffe sowie Halogenkohlenwasserstoffe zu berücksichtigen. In Bezug auf mögliche Maßnahmen bei Störfällen bestehen aber auch hier praktisch keine Unterschiede.

1.4 Selbstkontrolle und Testfragen

(Lösungen siehe Seite 112)

1. Welche Aussagen über Biogasanlagen treffen zu?

a) Das Biogas entsteht in Biogasanlagen durch chemische Umsetzung der Eingangsstoffe.
b) Das Biogas entsteht in Biogasanlagen durch mikrobiologische Umsetzung der Eingangsstoffe.

2. Aus welchen Komponenten besteht eine Biogasanlage?

a) Fermenter
b) Gärrestelager
c) Blockheizkraftwerk
d) Inertisierungsanlage

3. In welcher Reihenfolge durchläuft das Gärsubstrat eine Biogasanlage?

a) Vorgrube, Fermenter, Nachgärer, Gärrestelager
b) Vorgrube, Fermenter, Nachgärer, Blockheizkraftwerk
c) Vorgrube, Nachgärer, Fermenter, Gärrestelager
d) Vorgrube, Fermenter, Gasspeicher, Gärrestelager

4. Welcher Unterschied besteht zwischen Biogas und Deponiegas?

a) Biogas ist deutlich schwerer als Deponiegas.
b) Deponiegas enthält zusätzlich Chlor-Kohlenwasserstoffverbindungen.
c) Deponiegas besteht im Gegensatz zu Biogas zu 95% aus Acetylen.

2 Störfallrisiken

Grundsätzlich ergeben sich beim Betrieb von Biogasanlagen unterschiedlichste Störfallrisiken. Unabhängig von möglichen Ursachen, die zum Eintreten derartiger Störfälle führen, werden nachfolgend die primären Störfallrisiken dargestellt.

2.1 Austreten giftiger Gase

Biogas ist ein Gemisch aus unterschiedlichen Gasen, von denen mehrere äußerst giftig sind. Biogas als Gemisch entspricht in seiner Dichte in etwa der von Luft. Aufgrund der extremen Dichteunterschiede der einzelnen Gemischbestandteile, bei denen insbesondere die toxischen Gase deutlich schwerer sind als Luft (zum Beispiel Schwefelwasserstoff), kann es bei ruhenden Gaswolken zu einer Mischung kommen, bei der sich die toxischen Bestandteile vornehmlich am Boden sammeln.

2.2 Bildung explosiver Gasgemische

Der Hauptbestandteil des Biogases ist Methan. Daher ist Biogas in der Lage, in Verbindung mit Luftsauerstoff ein explosives Gasgemisch zu bilden. Ein Freisetzen von Biogas ist daher ein kritischer Betriebszustand, der in der Regel immer zu einem Einsatz der Feuerwehr führen wird.

2.3 Austreten wassergefährdender Stoffe

Grundsätzlich stellen die meisten Einsatzstoffe in einer Biogasanlage natürlichen Dünger dar. Vor diesem Hintergrund könnte man annehmen, dass ein Freisetzen dieser Stoffe in die Natur unbedenklich ist. In Anlehnung an den Satz des Paracelsus „Alles ist Gift, die Menge macht das Gift“ muss festgestellt werden, dass bei den heute in Betrieb befindlichen Biogasanlagen die eingesetzten Stoffmengen Größenordnungen erreichen, die bei Freisetzung zu einer erheblichen Umweltgefährdung führen würden.

2.4 Gefahr durch Elektrizität

In der Regel nutzen Biogasanlagen das gewonnene Biogas in Blockheizkraftwerken, um daraus elektrische Energie zu erzeugen. Für die effiziente Einspeisung in das öffentliche Netz wird die Generatorspannung in der Anlage in der Regel auf 20 kV hoch transformiert. Damit handelt es sich um Hochspannungsanlagen, von denen im Störfall eine Gefahr für die Umgebung ausgehen kann.

2.5 Feuer

Aufgrund der in einer Biogasanlage vorhandenen brennbaren Gase, stellt ein Feuer, insbesondere im Bereich der Fermenter bzw. der Gasspeicher, eine erhebliche Gefahr dar. Da in der Regel der Fermenter mit einer (dünnen) Kunststofffolie abgedeckt ist, die einem Feuer nur geringen Widerstand entgegenbringt, besteht hier die Gefahr einer Ausbreitung eines Brandes in der näheren Umgebung der Biogasanlage auf das im Fermenter erzeugte Biogas. Das heißt, durch ein derartiges Feuer besteht auch die Gefahr einer möglichen Explosion bei Beschädigung von Gas führenden Komponenten der Anlage.

2.6 Selbstkontrolle und Testfragen

(Lösungen siehe Seite 112)

1. Welche Aussagen über Störfallrisiken von Biogasanlagen treffen zu?

a) Die Bildung explosiver Gasgemische wird verhindert, da das im Biogas enthaltene Methan sofort in die höheren Zonen der Atmosphäre entweicht.
b) Durch das im Biogas enthaltene Methan besteht die Gefahr der Bildung explosiver Gasgemische in Verbindung mit Luft.
c) Unter anderem durch das im Biogas enthaltene Schwefelwasserstoffgas besteht die Gefahr der Bildung giftiger Gaswolken.

2. Welche Aussagen über das Störfallrisiko Feuer treffen zu?

a) Brände in Biogasanlagen stellen keine gesonderte Gefahr dar, da die eingesetzten Gärsubstrate alle nicht brennbar sind.
b) Bei Bränden in Biogasanlagen besteht die Gefahr heftiger chemischer Reaktionen durch die Überhitzung des Gärsubstrates.
c) Bei Bränden in Biogasanlagen besteht die Gefahr des Übergreifens des Feuers auf das im Fermenter bzw. Gasspeicher enthaltene Biogas.

3. Inwieweit besteht in Biogasanlagen eine Gefahr durch Elektrizität bei Störfällen?

a) Es besteht keine Gefahr durch Elektrizität, da Biogasanlagen zu den Niederspannungsanlagen zählen.
b) Es besteht eine Gefahr durch Elektrizität, da Biogasanlagen die gewonnene elektrische Energie ins Hochspannungsnetz einspeisen.
c) Es besteht keine Gefahr durch Elektrizität, da durch die vollautomatische Überwachung bei eventuellen Störfällen eine automatische Abschaltung und Trennung der Hochspannungsleitung erfolgt.

3 Einsatzbeispiele

3.1 Austretendes Biogas

Bei einer in Betrieb befindlichen Biogasanlage war die Überdrucksicherung eines Gärbehälters ausgefallen. Infolge dieses Ausfalls stieg der Gasdruck im Behälter so weit, dass die Kunststoff-Dachkuppel angehoben wurde und so der Gasdruck im Behälter abgebaut wurde. Nach Aussage des Betreibers kam es zu keiner Explosion. Der weithin hörbare Knall wäre durch das Abheben und spätere Zurückfallen der Dachkuppel hervorgerufen worden.

3.2 Defekter Schieber – Fermenter läuft aus

Bei der Befüllung eines Fermenter kam es infolge eines Defektes an einem Schieber zu einer Freisetzung von Gärsubstrat. Die alarmierte Feuerwehr versuchte unter Vollschutz, den defekten Schieber zu schließen. Aufgrund widriger Umstände erwies sich diese Aufgabe als äußerst schwierig. Bis die eingesetzten Einsatzkräfte den Schieber schließen konnten, waren ca. 1.500 m^3 des 1800 m^3 fassenden Fermenters ausgelaufen. Neben dem austretenden Gärsubstrat kam es aufgrund des geöffneten Schiebers ebenfalls zu einem Austreten von Biogas, wodurch während des gesamten Einsatzes Explosionsgefahr bestand.

Abbildung 12: Austretendes Gärsubstrat (Quelle: Feuerwehr Korbach)

Aufgrund der extra für derartige Fälle angelegten Schutzwälle konnte eine Gewässerverunreinigung eines nahe vorbeifließenden Baches bis auf geringe Mengen verhindert werden. Dadurch konnten weitere Schäden vermieden werden.

3.3 Isoliermaterial eines Gärbehälters brennt

Bei einer Biogasanlage mit vier Fermentern war es bei Wartungsarbeiten an einem zum Zeitpunkt des Unfalls nicht in Betrieb befindlichen Fermenter zu einem Brand im Bereich der äußeren Isolierung gekommen. Das Feuer breitete sich dabei auf Schwefelrückstände aus, die infolge des Bioprozesses entstehen und in der Anlage abgeschieden werden. Das bei der Verbrennung frei werdende Schwefeldioxid ist in höheren Konzentrationen giftig und wirkt auf Schleimhäute und Atemwege stark reizend.

Durch das Feuer wurde auf die übrigen Fermenter eine starke Wärmestrahlung abgegeben, sodass diese durch die Feuerwehr gekühlt werden mussten, um hier eine Explosion zu verhindern.

Abbildung 13: Isolierung eines Fermenters (Quelle: Behle, Korbach)

3.4 Giftgasfreisetzung in Beschickungsanlage

Beim Befüllen der Beschickungsanlage einer Biogasanlage mit Schweinedünndarmschleim aus der Pharmaindustrie werden schlagartig große Mengen giftiger Gase freigesetzt, die das Gebäude, in dem sich die Beschickungsanlage befindet, sofort füllen. Zwei Mitarbeiter der Anlage sowie der Fahrer des Anlieferungs-Lkws fallen sofort bewusstlos zu Boden. Eine weitere Person, die das Geschehen in der Halle durch eine Glasscheibe beobachten kann, verlässt fluchtartig das Gelände und alarmiert über Notruf die Feuerwehr. Bei Eintreffen der Feuerwehr ist zunächst nicht klar, um welches Gas es sich im vorliegenden Fall handelt, da bei bestimmungsgemäßem Betrieb der Anlage an dieser Stelle kein Biogas entstehen kann.

Die drei Verletzten werden durch die eintreffenden Einsatzkräfte der Feuerwehr, die mit umluftunabhängigem Atemschutz geschützt sind, aus der Halle verbracht und dem Rettungsdienst übergeben, der sofort mit den Wiederbelebungsmaßnahmen beginnt. Bei zwei der drei Betroffenen waren diese Wiederbelebungsmaßnahmen erfolglos. Bei der dritten Person zeigten die Maßnahmen zunächst Erfolg. Einige Tage nach dem Unfall verstarb aber auch diese Person infolge der massiven Schädigungen durch das eingeatmete Giftgas.

Die von der Feuerwehr durchgeführten Schadstoffmessungen ergaben, dass es sich bei dem Gas um Schwefelwasserstoff handelte. Schwefelwasserstoff, der aufgrund seines charakteristischen Geruchs in kleinen Konzentrationen bereits wahrgenommen wird, führt bei Konzentrationen über 200 ppm zu einer Schädigung der Geruchsnerven, wodurch der Geruch vom Menschen nicht mehr wahrgenommen werden kann. Im vorliegenden Fall muss nach Ansicht der Fachleute die Gaskonzentration im Gebäude deutlich über dem Wert von 1.000 ppm gelegen haben.

Die Ermittlungen der Polizei ergaben, dass ein Zusammentreffen mehrerer Faktoren zu dem tödlichen Unglück in der Biogasanlage geführt hat. Aufgrund der durchgeführten chemischen Analysen des Inhaltes des Sammelbehälters ergab sich folgendes Bild:

Am Tag vor dem Unglück wurden Molkerei- und tierische Abfallprodukte angeliefert, von denen offenbar ein Rest in dem ca. 100 m^3 großen Aufgabebehälter verblieben war. Aufgrund ihrer Zusammensetzung wiesen diese Stoffe einen äußerst niedrigen pH-Wert auf. Diese Reste vermischten sich mit der aus Schweinedünndarmschleim bestehenden, stark sulfidhaltigen, ca. 60° heißen Ladung, die am Unglückszeitpunkt in den Behälter eingeführt wurde. Diese Ladung hatte einen sehr hohen pH-Wert von 8,5. Aufgrund der starken Unterschiede im pH-Wert sowie der bereits relativ hohen Temperatur des zugeführten Materials wurde schlagartig eine große Menge Schwefelwasserstoff freigesetzt, die sich sofort in der gesamten Halle verteilte. Dieser chemische Prozess wurde durch die in der Grube befindlichen Rührwerke noch zusätzlich befördert.

Aufgrund eines gleichzeitigen Defektes des für die Abdeckung des Beschickungsbehälters vorhandenen Deckels konnte eine vorhandene Anlage, die eventuell im Beschickungsbehälter entstehende Schadstoffe abführen soll, nicht bestimmungsgemäß arbeiten.

4 Sicherheitseinrichtungen

Wie bereits dargelegt, werden in einer Biogasanlage potenziell gefährliche Stoffe erzeugt, gelagert und verarbeitet. Grundsätzlich müssen derartige Anlagen so gestaltet sein, dass bei bestimmungsgemäßem Betrieb eine Gefährdung oder gar Schädigung von Umwelt und Personen weitestgehend ausgeschlossen wird. Um bei unerwünschten Betriebszuständen unnötige Gefährdungen für die Anlage sowie die Umgebung weitestgehend auszuschließen, müssen derartige Anlagen mit verschiedenen Sicherheitseinrichtungen ausgestattet sein.

Grundsätzlich muss ein sicherer Betrieb einer Anlage immer gewährleistet sein. Eine Überfüllung der Fermenter, ein unbeabsichtigtes Fließen von Substrat im Rohr- und Behältersystem, ein unzulässiger Druckanstieg im Fermenter sowie ein unkontrollierter Gasaustritt sind zu verhindern.

Steuerungsanlagen mit Sicherungsfunktionen sind so auszuführen, sofern diese nicht durch ein redundantes System, z.B. eine mechanische Überdrucksicherung gegen Überdruck oder einen Überlauf gegen Überfüllung abgesichert sind, dass bei Ausfall von Hilfsenergie (Strom-, Hydraulik oder Pneumatikversorgung der Biogasanlage) Sicherheitsabschaltung oder Betätigung des Not-Aus-Tasters die Anlage bzw. die relevanten Anlagenteile in einen sicheren Zustand fahren. Der sichere Zustand der Anlage kann durch steuerungstechnische, hydraulische oder mechanische Maßnahmen erreicht werden.

Zur Gewährleistung der notwendigen Sicherheit verfügen Biogasanlagen über verschiedene Sicherheitseinrichtungen, die bei unzulässigen Betriebszuständen eine Beherrschung der Anlage weiterhin ermöglichen sollen.

4.1 Notaus

Die verschiedenen Vorschriftenwerke fordern unter anderem auch für Anlagen wie Biogasanlagen eine Möglichkeit, über zentrale Auslösemechanismen eine Anlage stillzusetzen. Derartige Einrichtungen werden allgemein als „Notaus“ bezeichnet.

Im Gegensatz zu Maschinen wie Kreissägen, Heizkessel usw., die durch ein gezieltes Abschalten der Antriebsenergie (Elektrizität, Heizöl usw.) in einen sicheren Zustand fahren, ist dies bei einer Biogasanlage nur bedingt möglich. Derartige Einrichtungen wirken bei Biogasanlagen auf Komponenten wie Blockheizkraftwerk, Gärsubstrat-Leitungsschieber, Gasverdichter und Fördereinrichtungen.

Aufgrund der Besonderheiten einer Biogasanlage ist der Kernprozess, die Gewinnung von Biogas aus Gärsubstrat nicht einfach abschaltbar. Hierbei handelt es sich um einen biologischen Vorgang, der auch bei Abschalten der Anlage weiterhin aktiv ist. Durch die mit der Notabschaltung ebenfalls abgeschaltete Beheizung des Fermenters sowie dem zwangsläufig ausbleibenden Nachschub an neuem Gärsubstrat wird die Produktion des Biogases früher oder später abklingen. Eine schlagartige Unterbrechung ist praktisch nicht möglich.

Aufgrund der Giftigkeit und der möglichen Explosionsgefahr sowie der Schädigung der Umwelt ist in den gesetzlichen Regelungen festgeschrieben, dass eine Biogasanlage im Falle einer Störung maximal 20 m^3 Gas kontrolliert in die Umgebung ablassen darf. Da aber dieses Volumen bei größeren Anlagen bei Weitem nicht ausreicht, benötigt man eine zusätzliche Sicherheitseinrichtung, die im Störfall das überschüssige Gas automatisch abbrennt.

Abbildung 14: Notaus (Quelle: Verfasser)

4.2 Notfackel

Ein besonders wichtiges Sicherheitsbauteil einer Biogasanlage ist die Sicherheits- oder Gasfackel. Das Gas wird hier über ein Rohrleitungssystem zur Gasfackel geleitet und dort gezündet. Mehrere in den Leitungen sitzende Rückschlagventile verhindern, dass die Flamme in die Anlage zurückschlagen kann. Durch den Verbrennungsvorgang wird das Gas für die Umwelt und den Menschen weitgehend unschädlich gemacht.

Abbildung 15: Notfackel (Quelle: Komogas)

4.3 Notschieber zur Absperrung

Gasführende Leitungen sind zwischen Fermenter, Gaslager und Blockheizkraftwerk verlegt. Rohrleitungen müssen grundsätzlich eine konstruktive Festigkeit von 1 bar aufweisen. Innerhalb von Gebäuden müssen gasführende Leitungen aus Stahl bestehen. Außerhalb von Gebäuden sind auch Kunststoffleitungen aus PE-HD oder PVC zulässig. Auf keinen Fall dürfen jedoch KG- oder Kupferleitungen im Freien verwendet werden. Zusätzlich müssen diese Leitungen über entsprechende Notschieber verfügen, die bei einem eventuellen Leitungsbruch ein unkontrolliertes Austreten von Gas oder anderen Medien verhindern. Diese Notschieber werden bei Auslösen des Notstopps in der Regel automatisch geschlossen.

Abbildung 16: Notschieber (Quelle: Verfasser)

Abbildung 17: Überdrucksicherung (Quelle: Komogas)

4.4 Überdrucksicherungen

Da die Biogasproduktion im Fermenter nicht einfach gestoppt werden kann, muss jede Biogasanlage über eine Überdrucksicherung verfügen.

Im einfachsten Fall wird diese durch eine Abblaseinrichtung realisiert, über die unverbranntes Biogas freigesetzt wird. Abblasleitungen müssen mindestens 3 m über Boden bzw. 1 m über Dach oder Behälterrand münden und mindestens 5 m von Gebäuden oder Verkehrswegen entfernt sein.

Bei einem Volumenstrom von mehr als 20 m^3/h muss eine Gasfackel verwendet werden. Hierbei kann eine mobile Gasfackel zum Einsatz kommen, wenn diese innerhalb von 24 h bereitgestellt wird.

Bei Stromausfall im öffentlichen Netz stoppt das BHKW. Sofern keine Notstromversorgung vorhanden ist, zündet auch die Notgasfackel in diesem Fall in der Regel nicht.

4.5 Ausstattung mit Gaswächtern

Um ein unkontrolliertes Austreten von Biogas (insbesondere in geschlossenen Räumen) zu verhindern, sind Biogasanlagen in der Regel mit automatischen Gaswächtern ausgestattet, die kontinuierlich alle Betriebsbereiche, in denen mit der Ansammlung von Gasen gerechnet werden muss, überwachen. Erkennen diese Gassensoren einen Austritt von Biogas, führt dies gegebenenfalls bis zu einer Gesamtabschaltung der Anlage.

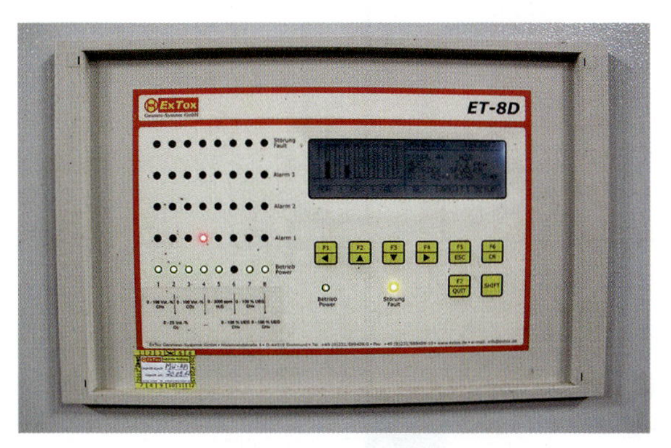

Abbildung 18: Gaswarnanlage (Quelle: Verfasser)

4.6 Netzersatzanlage

Mag dies auf den ersten Blick auch sehr überraschend klingen, ein Ausfall des öffentlichen Stromnetzes stellt für eine Biogasanlage ein erhebliches Problem dar. In diesem Fall könnte die von dem Blockheizkraftwerk erzeugte elektrische Energie nicht mehr ins Netz abgegeben werden. Daher führt ein solcher Störfall zu einer Notabschaltung des Generators. Da in diesem Fall weder Generator noch Netz die Anlage mit elektrischer Energie versorgen können, ist in der Regel eine Steuerung der Anlage nicht mehr möglich. Da einzelne Sicherheitseinrichtungen, wie z.B. Notfackeln für ihren Betrieb auf elektrische Hilfsenergie angewiesen sind, ständen diese Einrichtungen auch nicht mehr zur Verfügung. Daher sollten Biogasanlagen über eine Netzersatzanlage verfügen, die ausreichend dimensioniert ist, um ein sicheres Herunterfahren der Anlage zu gewährleisten.

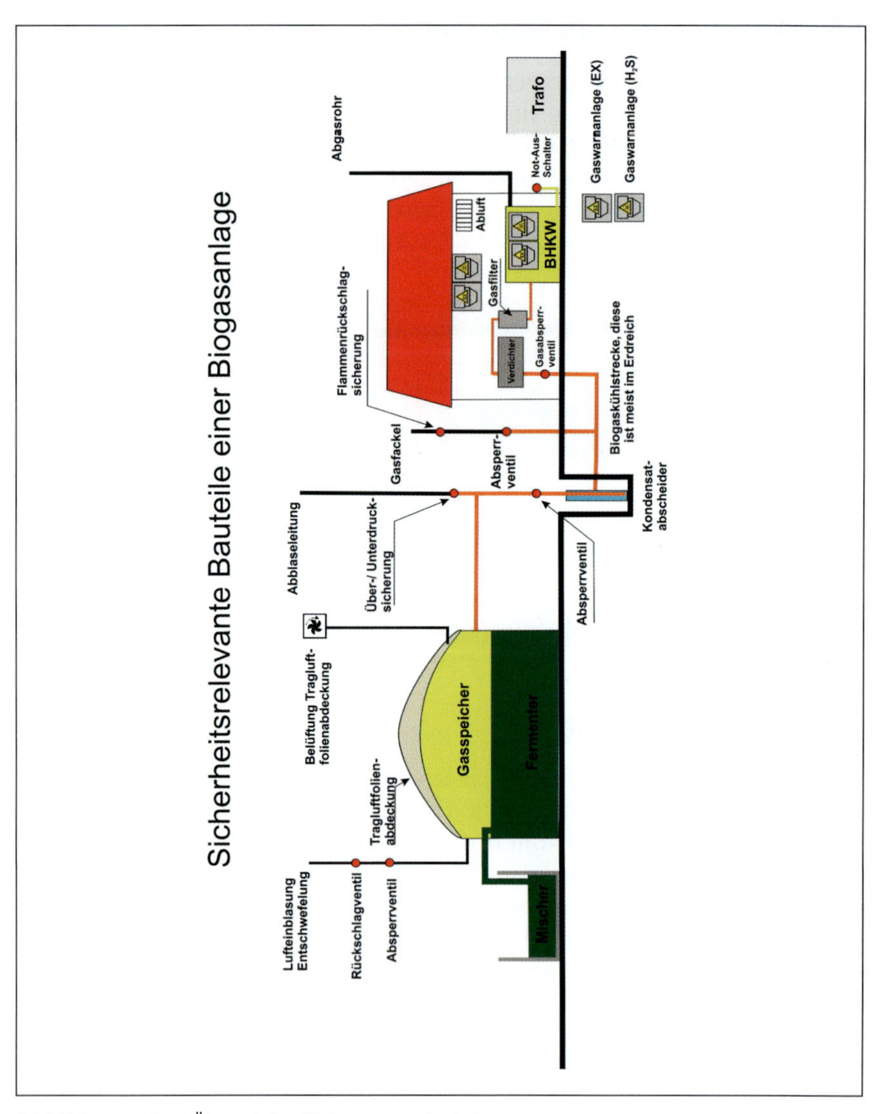

Abbildung 19: Übersicht Sicherungseinrichtungen (Quelle:Verfasser)

4.7 Selbstkontrolle und Testfragen

(Lösungen siehe Seite 112)

1. Welche Aussagen über Sicherheitseinrichtungen in Biogasanlagen treffen zu?

a) Biogasanlagen benötigen eine Not-Aus-Einrichtung.
b) Die Not-Aus-Einrichtung bewirkt beim A7uslösen auch eine Unterbrechung der Biogasproduktion.
c) Notfackeln funktionieren grundsätzlich ohne Hilfsenergie wie elektrischen Strom.
d) Jede Biogasanlage verfügt über eine Netzersatzanlage.

2. Welche Sicherheitseinrichtungen können in Biogasanlagen gefunden werden?

a) Netzersatzanlage
b) Überdrucksicherung
c) Gaswarnanlage
d) Berieselungsanlagen zum Niederschlagen von Giftgasen

3. Welche Aussagen über Überdrucksicherungen treffen zu?

a) Überdrucksicherungen sind nur bei Fermentern mit Foliendach erforderlich.
b) Überdrucksicherungen lassen das Biogas grundsätzlich unverbrannt in die Umgebung entweichen.
c) Überdrucksicherungen lassen das Biogas nur über Notfackeln in die Umgebung entweichen.
d) Überdrucksicherungen in Biogas-Fermentern sprechen bei einem Überdruck von mindestens 20 bar an.

4. Welche Aussagen über Netzersatzanlagen bei Biogasanlagen treffen zu?

a) Biogasanlagen benötigen keine separaten Netzersatzanlagen, da bei Ausfall des Netzes das Blockheizkraftwerk als Netzersatzanlage genutzt wird.
b) Biogasanlagen benötigen eine separate Netzersatzanlage, da bei Ausfall des Netzes die Blockheizkraftwerke automatisch abgeschaltet werden.
c) Biogasanlagen benötigen keine separate Netzersatzanlage, da bei eventuellen Störungen die gesamte Anlage automatisch über Notstopp abgeschaltet wird.

5 Maßnahmen zur Gefahrenabwehr durch den Betreiber von Biogasanlagen

5.1 Gesetzliche Grundlagen

- Baurecht (mit entsprechenden Brandschutzordnungen der Länder)
- Bundes-Immissionsschutzgesetz
- Sich aus dem Genehmigungsbescheid für den Betreiber ergebende Pflichten, Auflagen und Nebenbestimmungen
- Betriebssicherheitsverordnung und TRBS/TRGS
- 12. BImSchV (Störfall-Verordnung nur für BGA mit mehr als 10.000 kg hoch entzündlichem Gas)
- Unfallverhütungs- und Sicherheitsregelwerk der Berufsgenossenschaften BGR
- Anforderungen an die Versicherbarkeit von Anlagen des VdS (Verband der Sachversicherer)
- EN und DIN-Normen (Stand der Technik)
- Zutreffende Regelwerke und Arbeitshilfen der Fachverbände VDI, VDE, DVGW

Unter einer Jahresproduktionskapazität von 1,2 Millionen Norm-m^3/a[*)] werden Biogasanlagen nach Baurecht genehmigt. Über 1,2 Millionen Norm-m^3/a ist eine Genehmigung gemäß BImSchG erforderlich.

Bis zu einer Jahresproduktionskapazität von 2,3 Millionen Norm-m^3/a ist eine landwirtschaftliche Biogasanlage nach § 35 Abs. 1 Nr. 6 BauGB für das Bauen im Außenbereich privilegiert, wenn die Voraussetzungen des § 35 erfüllt sind.

Sind diese Voraussetzungen nicht erfüllt (z.B. bei mehr als 2,3 Mio. Norm-m^3), dann erlischt das landwirtschaftliche Außenbereichsprivileg und es gilt die im Grundgesetz Art. 28 GG garantierte kommunale Planungshoheit der Gemeinde.

[*)] Ein Norm-m^3 ist ein m^3 beliebiges Gas – unabhängig von seiner chemischen Zusammensetzung – bei einem Druck von 1.013 mbar und einer Temperatur 0 °C.

Besteht die Möglichkeit, dass zu irgendeinem Zeitpunkt in der Biogasanlage mehr als 10.000 kg hoch entzündliche Gase vorhanden sein können, dann fällt die Biogasanlage in die 12. BImSchV (Störfallverordnung), was für den Betreiber mit besonderen Pflichten und Auflagen verbunden ist. Bei einer durchschnittlichen Dichte von Biogas von 1,3 kg/m^3 entspricht dies ca. 7.692 m^3 Gasraum-Volumen in einem Betriebsbereich.

Grundsätzlich sind alle Biogasanlagen – unabhängig von Größe, Gasproduktionskapazität, Gasraumvolumen oder Art der Gasverwertung (Erzeugung von elektrischer Energie zur Netzeinspeisung, thermische Energie – Abwärmenutzung, Gasaufbereitung zur Einspeisung ins Erdgasnetz oder CNG-Biomethan-Tankstelle) – überwachungsbedürftige Anlagen und unterliegen seit dem 27.09.2002 der Betriebssicherheitsverordnung (BetrSichV).

Hinweis: Es ist Pflicht der Betreiber, für ihren Betrieb eine Gefährdungsbeurteilung nach § 3 BetrSichV zu erstellen. Das Prinzip der Gefährdungsbeurteilung folgt dem alten deutschen Sprichwort: „Gefahr erkannt – Gefahr gebannt!“

Die Gefährdungsbeurteilung ist die Grundlage für alle weiteren Maßnahmen und Aufgaben, die sich aus der BetrSichV für den Betreiber ergeben:

Dazu zählen insbesondere gem. § **5 Explosionsgefährdete Bereiche** das Erkennen, die Ausweisung und Kennzeichnung von explosionsgefährdeten Zonen, der Ex-Schutz-Zonenplan sowie gem. § **6 Explosionsschutzdokument** die Einteilung in Ex-Schutz-Zonen oder die Verhinderung der Entstehung von explosionsgefährdeten Bereichen und Atmosphären.

Viele Betreiber, insbesondere die kleinerer landwirtschaftlicher Biogasanlagen, fühlen sich nicht als Arbeitgeber oder als Arbeitnehmer, sondern als selbstständige und eigenverantwortliche Alleinunternehmer. Keine Biogasanlage kann aber auf Dauer von einer Person ganz allein betrieben werden. Meistens helfen in solchen landwirtschaftlichen Betrieben Familienangehörige mit. Zudem werden immer wieder Externe und Subunternehmer benötigt (z.B. Handwerker, landwirtschaftliche Betriebshelfer, Lohnunternehmer,

Explosionsschutzdokument

zur Vermeidung von

Explosionsgefahren durch Gase in landwirtschaftlichen Biogasanlagen

nach § 6 BetrSichV sowie Richtlinie 1999/92/EG, Artikel 8 (ATEX 137)

Name und Anschrift der Betriebsstätte	Musteranlage Schemazeichnung 1.2 Musterstr. 1 12345 Musterdorf

Beschreibung der örtlichen und stofflichen Gegebenheiten

		Fundort der Informationen		
		Im Explosionsschutzdokument	**In anderen Dokumenten**	**Noch zu erstellen**
Beschreibung der Arbeitsstätte, der Anlage und der Arbeitsbereiche				
•	Textliche Beschreibung			☐
•	Lageplan			☐
•	Aufstellungsplan			☐
•	Flucht- und Rettungswegplan			☐
Beschreibung der Verfahrensschritte/Tätigkeiten				
•	Textliche Beschreibung			☐
•	Verfahrensfließbild			☐
•	Rohrleitungs- und Instrumenten-Fließbild (sofern notwendig)			☐
•	Lüftungsplan (sofern notwendig)			☐
Beschreibung der eingesetzten/entstehenden Stoffe				
•	Textliche Beschreibung		z. B. Nr. 1.4 der Sicherheitsregeln für landwirtschaftliche Biogasanlagen	☐
•	Sicherheitsdatenblätter (sofern vorhanden).			☐
•	Sicherheitstechnische Kenngrößen		z. B. Nr. 1.3 der Sicherheitsregeln für landwirtschaftliche Biogasanlagen	☐

Abbildung 20: Explosionsschutzdokument (Quelle: Landwirtschaftskammer Nordrhein-Westfalen; der Abdruck erfolgt mit freundlicher Genehmigung der Pressestelle)

Erntehelfer, auch Feuerwehren im Rahmen einer technischen Hilfeleistung an einer BGA).

Hinweis: Die BetrSichV greift und gilt auf jeden Fall auch für jede Biogasanlage.

Leider kann man noch nicht davon ausgehen, dass alle Betreiber von Biogasanlagen diese Verpflichtungen nach der BetrSichV in vollem Umfang und mit der erforderlichen Sorgfalt erfüllt haben. Nur Betreiber und Mitarbeiter der unter das EnWG fallenden Biogasanlagen werden heute bereits systematisch und intensiv geschult und geprüft.

Hieraus ergeben sich für den Einsatzleiter der Feuerwehr im Einsatzfall erhebliche Konsequenzen. Der Einsatzleiter kann nicht in jedem Fall mit einer personellen und organisatorischen Infrastruktur rechnen, wie sie in Industriebetrieben oder bei öffentlichen Gasversorgern selbstverständlich sind.

Häufig verfügen derartige Anlagen nicht über entsprechende Dokumentationen, die dem Einsatzleiter zuverlässige Handlungsanweisungen geben können. Auch speziell geschultes Fachpersonal, wie z.B. Sicherheitsbeauftragte in Industriebetrieben, ist in der Regel nicht zu finden. Die Betreiber verfügen meist nur über Kenntnisse zu ihrer Anlage im störungsfreien Betrieb. Wie im Falle einer gravierenden Betriebsstörung vorzugehen ist, ist diesem Personenkreis häufig nicht bekannt. Da im Einsatzfall die Verantwortung für die gesamte Anlage per Gesetz beim Einsatzleiter der Feuerwehr liegt, sollte dieser dem oben dargestellten Sachverhalt angemessene Beachtung schenken. Somit ist bei den meisten Biogasanlagen weiterhin mit erheblichen Gefährdungen zu rechnen.

Das konkreteste Regelwerk, das auch für nahezu alle BGA zutrifft und gilt, ist die **TI 4 Technische Information 4 Sicherheitsregeln für Biogasanlagen**[*]).

[*]) Herausgeber: Bundesverband der landwirtschaftlichen Berufsgenossenschaften; Weißensteinstraße 70–72, 34131 Kassel; www.lsv.de

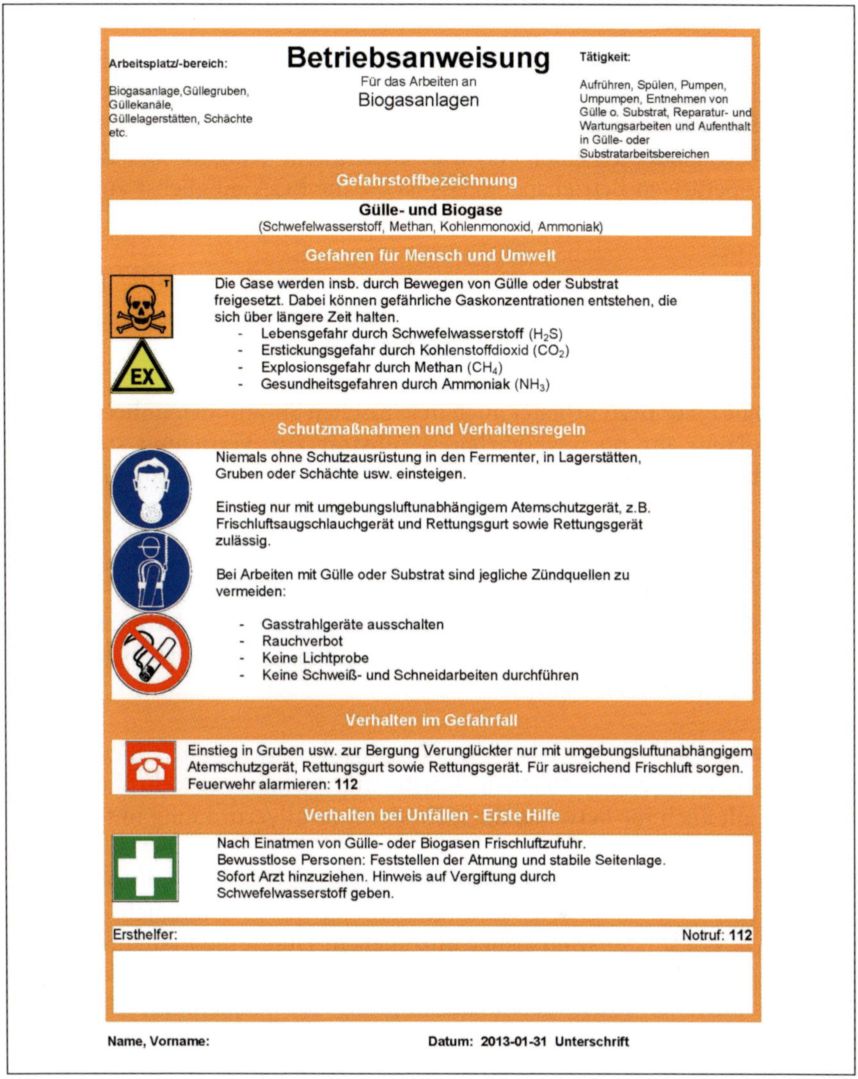

Arbeitsplatz/-bereich:	Betriebsanweisung	Tätigkeit:
Biogasanlage, Güllegruben, Güllekanäle, Güllelagerstätten, Schächte etc.	Für das Arbeiten an Biogasanlagen	Aufrühren, Spülen, Pumpen, Umpumpen, Entnehmen von Gülle o. Substrat, Reparatur- und Wartungsarbeiten und Aufenthalt in Gülle- oder Substratarbeitsbereichen

Gefahrstoffbezeichnung

Gülle- und Biogase
(Schwefelwasserstoff, Methan, Kohlenmonoxid, Ammoniak)

Gefahren für Mensch und Umwelt

T

EX

Die Gase werden insb. durch Bewegen von Gülle oder Substrat freigesetzt. Dabei können gefährliche Gaskonzentrationen entstehen, die sich über längere Zeit halten.

- Lebensgefahr durch Schwefelwasserstoff (H_2S)
- Erstickungsgefahr durch Kohlenstoffdioxid (CO_2)
- Explosionsgefahr durch Methan (CH_4)
- Gesundheitsgefahren durch Ammoniak (NH_3)

Schutzmaßnahmen und Verhaltensregeln

Niemals ohne Schutzausrüstung in den Fermenter, in Lagerstätten, Gruben oder Schächte usw. einsteigen.

Einstieg nur mit umgebungsluftunabhängigem Atemschutzgerät, z.B. Frischluftsaugschlauchgerät und Rettungsgurt sowie Rettungsgerät zulässig.

Bei Arbeiten mit Gülle oder Substrat sind jegliche Zündquellen zu vermeiden:

- Gasstrahlgeräte ausschalten
- Rauchverbot
- Keine Lichtprobe
- Keine Schweiß- und Schneidarbeiten durchführen

Verhalten im Gefahrfall

Einstieg in Gruben usw. zur Bergung Verunglückter nur mit umgebungsluftunabhängigem Atemschutzgerät, Rettungsgurt sowie Rettungsgerät. Für ausreichend Frischluft sorgen.
Feuerwehr alarmieren: **112**

Verhalten bei Unfällen - Erste Hilfe

Nach Einatmen von Gülle- oder Biogasen Frischluftzufuhr.
Bewusstlose Personen: Feststellen der Atmung und stabile Seitenlage.
Sofort Arzt hinzuziehen. Hinweis auf Vergiftung durch Schwefelwasserstoff geben.

Ersthelfer: Notruf: **112**

Name, Vorname: **Datum: 2013-01-31 Unterschrift**

Abbildung 21: Betriebsanweisung Biogas (Quelle: Verfasser)

5.2 Pflichten des Betreibers

Von Biogasanlagen, die sich im Zustand des sog. Normalbetriebes befinden, geht in der Regel keine Gefahr aus. Jede andere Situation an BGA führt früher oder später zu Über- oder Unterdruck, zur Freisetzung von Biogas, Biogassubstrat oder zu einer Havarie. Wesentliche Aufgabe des Betreibers oder des operativen Betriebspersonals ist es, die BGA möglichst zuverlässig im Zustand des Normalbetriebes zu halten.

Fällt eine der Komponenten einer Biogasanlage oder der operative Betreiber selbst aus, so können daraus an Biogasanlagen grundsätzlich gefährliche Zustände und kritische Situationen entstehen.

Die Biologie einer BGA arbeitet auch in kritischen Situationen unbeeindruckt weiter, solange ihr noch vergärbares Substrat zur Verfügung steht, und produziert weiter toxische, hoch entzündliche und explosionsfähige Gase.

5.2.1 Vorsorge für Notfälle

Die Betreiber müssen Vorsorge für Notfälle treffen. Dazu verlangt die TI 4 der landwirtschaftlichen Berufsgenossenschaft z.B. ein Brandschutzkonzept. Bestandteil eines derartigen Brandschutzkonzeptes ist auch der betriebliche Alarm- und Gefahrenabwehrplan.

Grundsätzlich soll der Betreiber einer Biogasanlage einen auf seinen Betrieb speziell abgestellten betrieblichen Alarm- und Gefahrenabwehrplan erstellen. Dies gilt auch für Betriebe, die nicht der Störfallverordnung unterliegen.

Mit einem derartigen Plan wird bereits vor Eintritt eines Störfalls oder einer Havarie eine Handlungsanweisung geschaffen, die es ermöglicht mit verschiedenen Störfallszenarien sicher umzugehen. Durch die Erstellung dieses Planes wird der Betreiber gezwungen, sich im Vorfeld Gedanken über mögliche Störfälle sowie deren Bekämpfung zu machen. Im Einsatzfall verfügt er dann über eine im Vorfeld geprüfte Handlungsanweisung, die auch unter Stress noch umgesetzt werden kann. Ein derartiger Plan richtet sich sowohl an den Betreiber wie auch an möglicherweise eingesetzte externe Hilfskräfte, auch der Feuerwehr und/oder des THW.

Eine entsprechende Anleitung zum Erstellen eines Alarm- und Gefahrenabwehrplans ist in Kapitel 7 „Betriebliche Gefahrenabwehrpläne/Einsatzplanung und Einsatzvorbereitung für Störfälle" zu finden.

5.2.2 Bildung von Brandabschnitten und Einhaltung von Brandabständen

Insbesondere der Bildung von Brandabschnitten kommt in diesem Zusammenhang wichtige Bedeutung zu. Nur so kann zuverlässig verhindert werden, dass bei Ausbruch eines Brandes in einem Teil der Anlage dieser auf die gesamte Anlage übergreift.

5.3 Selbstkontrolle und Testfragen

(Lösungen siehe Seite 112)

1. Müssen Betreiber von landwirtschaftlichen Biogasanlagen besondere Vorkehrungen für Störfälle treffen?

a) Nein, landwirtschaftliche Biogasanlagen werden betrieben wie normale Güllespeicher.
b) Nein, Landwirte dürfen nur Biogasanlagen betreiben, die aufgrund ihrer Größe keine Gefahren bergen.
c) Ja, auch Betreiber von landwirtschaftlichen Biogasanlagen haben besondere Betreiberpflichten.

2. Gilt für alle von Landwirten betriebenen Biogasanlagen das sogenannte landwirtschaftliche Außenbereichsprivileg?

a) Ja, für alle von Landwirten betriebenen Biogasanlagen gilt das landwirtschaftliche Außenprivileg.
b) Nein, die Einstufung ist unter anderem von der jährlich produzierten Gasmenge abhängig.

3. Können landwirtschaftliche Biogasanlagen unter die Regelungen der Störfallverordnung fallen?

a) Nein, landwirtschaftliche Biogasanlagen werden betrieben wie normale Güllespeicher.
b) Nein, Landwirte dürfen nur Biogasanlagen betreiben, die aufgrund ihrer Größe keine Gefahren bergen.
c) Ja, bei einer Gasproduktion über 1,2 Millionen Norm-m^3/a ist eine Genehmigung nach BImSchG erforderlich.

4. Welche Maßnahmen zählen unter anderen zu den Betreiberpflichten?

a) Erstellen eines Gefahrenabwehrplans
b) Erstellen eines Ex-Schutzdokuments
c) Erstellen eines Feuerwehrplans gemäß DIN 14095
d) Aufstellen einer Betriebsfeuerwehr

6 Grundlagen des Explosionsschutzes

Gemäß der DIN 14011:06.2010 (Begriffe im Feuerwehrwesen) ist der Begriff der Explosion wie folgt definiert:

> „Plötzliche Oxidationsreaktion eines zündfähigen Gemisches, die eine Temperatur- und/oder Druckerhöhung bewirkt“

Der Begriff der Explosion ist damit ein Überbegriff für die Detonation und die Deflagration.

Dabei lautet die Begriffsbestimmung Deflagration gemäß DIN 14011:06.2010:

> „Explosion, bei der das Gemisch durch Wärmeübertragung gezündet wird, mit einer Flammenausbreitungsgeschwindigkeit unterhalb der Schallgeschwindigkeit und geringem Druckanstieg“

Die Begriffsbestimmung Detonation gemäß DIN 14011:06.2010 lautet:

> „Explosion, bei der das Gemisch durch eine Stoßwelle gezündet wird, bei der sich Flamme und Druckwelle mit Überschallgeschwindigkeit ausbreiten“

Unter einer Explosion wird ganz allgemein der Oberbegriff für die kurzzeitdynamische exotherme Reaktion in explosionsfähigen Gas- und/oder Dampfgemischen im Gemisch mit Luftsauerstoff (also in explosionsfähigen Atmosphären) oder von chemisch instabilen und/oder hochenergetischen und/oder explosionsgefährlichen Stoffen (also auch ohne Beteiligung von Luftsauerstoff) verstanden. Für den hier betrachteten Bereich spielt lediglich das explosionsfähige Gas- und/oder Dampfgemisch eine Rolle. Im Nachfolgenden wird allgemein nur noch der Begriff der Explosion als Sammelbegriff für die beiden Begriffe Detonation und Deflagration gewählt, da eine Unterscheidung für diese Zwecke keinen praktischen Sinn ergibt.

Die Grundlagen für eine Explosion im Bereich von Biogasanlagen sind dann gegeben, wenn folgende vier Faktoren zusammentreffen:

- brennbares Gas
- (Luft-) Sauerstoff
- Zündquelle
- richtiges Mischungsverhältnis

Die beiden ersten Faktoren brennbares Gas und Luftsauerstoff sind bei Biogasanlagen latent vorhanden. Um die Gefahr einer Explosion auf ein absolutes Minimum zu reduzieren, muss versucht werden, entweder die Zündquellen zu vermeiden und/oder ein Zusammentreffen von brennbarem Gas und Luftsauerstoff bei entsprechendem Mischungsverhältnis zu unterbinden. Nicht grundsätzlich jedes Gemisch aus brennbarem Gas und (Luft-) Sauerstoff ist explosionsfähig. Abhängig vom brennbaren Gas ist nur ein bestimmter Konzentrationsbereich explosionsfähig. Dieser Bereich wird von der oberen und unteren Explosionsgrenze begrenzt. Der Explosionsbereich für ein Biogas/Luftsauerstoffgemisch ist im unten angegebenen Diagramm dargestellt.

Abbildung 22: Explosionswarnung (Quelle: Verfasser)

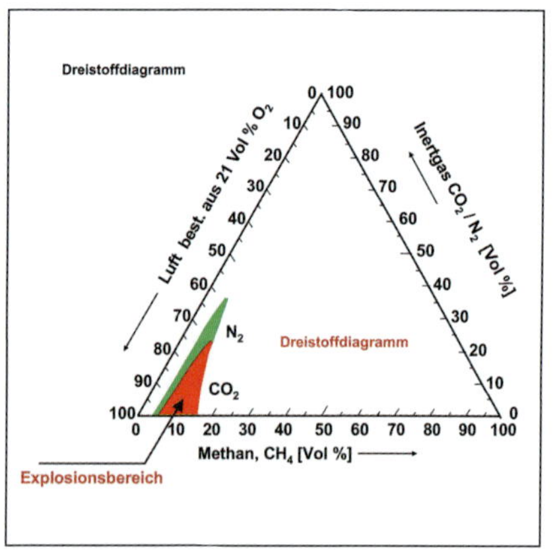

Abbildung 23: Dreiphasendiagramm Biogas (Quelle: Verfasser)

Per Definition besteht sowohl oberhalb als auch unterhalb des Explosionsbereiches keine Explosionsgefahr. Während man den Bereich unterhalb der unteren Explosionsgrenze als vergleichsweise sicheren Bereich betrachten kann, ist der Bereich oberhalb der oberen Explosionsgrenze nur theoretisch sicher. Aufgrund des in der Umgebung ausreichend vorhandenen Luftsauerstoffs wird es zwangsläufig zu einer Verdünnung kommen, wodurch das Gemisch wieder in einen zündfähigen Bereich kommt und damit wieder Explosionsgefahr besteht. Im Arbeitsschutz wird ein Bereich bis 20% der unteren Explosionsgrenze als sicher angesehen.

In Betrieben, in denen mit zündfähigen Gasen gearbeitet wird, besteht grundsätzlich immer die Gefahr, dass auch im normalen Betrieb zündfähige Gemische entstehen können. Es müssen daher Maßnahmen ergriffen werden, die eine mögliche Explosion verhindern. Betriebsbedingt entstehen beim Umgang mit zündfähigen Gasen aber unterschiedlich gefährliche Bereiche. Ex-Schutzmaßnahmen sind ein nicht unerheblicher Kostenfaktor. Um einen wirtschaftlichen aber trotzdem sicheren Explosionsschutz in betroffenen Betrieben zu erreichen, ist es erforderlich, für jeden Einzelfall die unterschiedlich gefährdeten Bereiche zu definieren. Für eine derartige Einteilung hat die Europäische Gemeinschaft in der Richtlinie 1999/92/EG unterschiedliche Zonen definiert.

Explosionsgefährdete Bereiche werden nach Häufigkeit und Dauer des Auftretens von explosionsfähiger Atmosphäre in folgende Zonen für Gase, Dämpfe unterteilt:

Zone 0

Bereich, in dem ständig, langzeitig oder häufig eine explosionsfähige Atmosphäre aus einem Gemisch von Luft mit brennbaren Substanzen in Form von Gas, Dampf oder Nebel vorhanden ist

Zone 1

Bereich, in dem damit zu rechnen ist, dass bei normalem Betrieb eine explosionsfähige Atmosphäre aus einem Gemisch von Luft mit brennbaren Substanzen in Form von Gas, Dampf oder Nebel gelegentlich auftritt

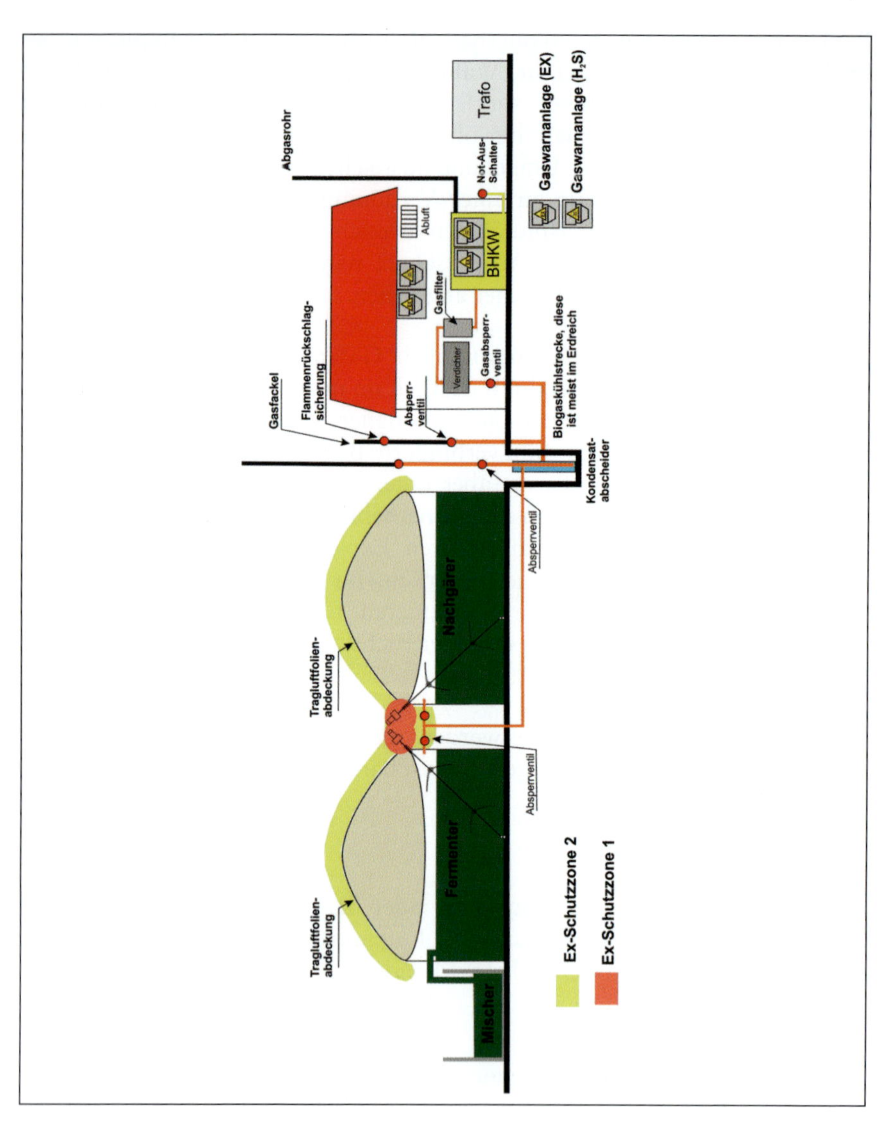

Abbildung 24: Zeichnung Ex-Zonen (Quelle: Verfasser)

Zone 2

Bereich, in dem nicht damit zu rechnen ist, dass bei normalem Betrieb eine explosionsfähige Atmosphäre aus einem Gemisch von Luft mit brennbaren Substanzen in Form von Gas, Dampf oder Nebel auftritt und wenn, dann nur selten oder auch sehr kurzfristig

Jeder Betreiber einer Biogasanlage ist daher verpflichtet. ein sogenanntes „Explosionsschutzdokument zur Vermeidung von Explosionsgefahren durch Gase in landwirtschaftlichen Biogasanlagen nach § 6 BetrSichV sowie Richtlinie 1999/92/EG, Artikel 8 (ATEX 137)" für seinen Betrieb vorzuhalten.

Der Einsatzleiter der Feuerwehr sollte sich **bei allen Einsätzen** grundsätzlich immer das jeweilige Explosionsschutzdokument vorlegen lassen, um dies bei seiner taktischen Vorgehensweise zu berücksichtigen. Das Explosionsschutzdokument stellt dabei für den Einsatzleiter lediglich die Mindestanforderung dar, da es den Zustand der Anlage im störungsfreien Betrieb wiedergibt. Der Einsatz der Feuerwehr wird in der Regel aber nur dann notwendig, wenn ein nicht störungsfreier Betrieb vorliegt.

Die Grundlagen des Explosionsschutzes wurden von der Europäischen Gemeinschaft allgemein verbindlich definiert und sind in den sogenannten ATEX-Leitlinien definiert. Sie umfassen aktuell zwei Richtlinien auf dem Gebiet des Explosionsschutzes, nämlich die ATEX-Produktrichtlinie 94/9/EG und die ATEX-Betriebsrichtlinie 1999/92/EG.

Abbildung 25: ATEX-Kennzeichnung auf Handscheinwerfer (Quelle: Verfasser)

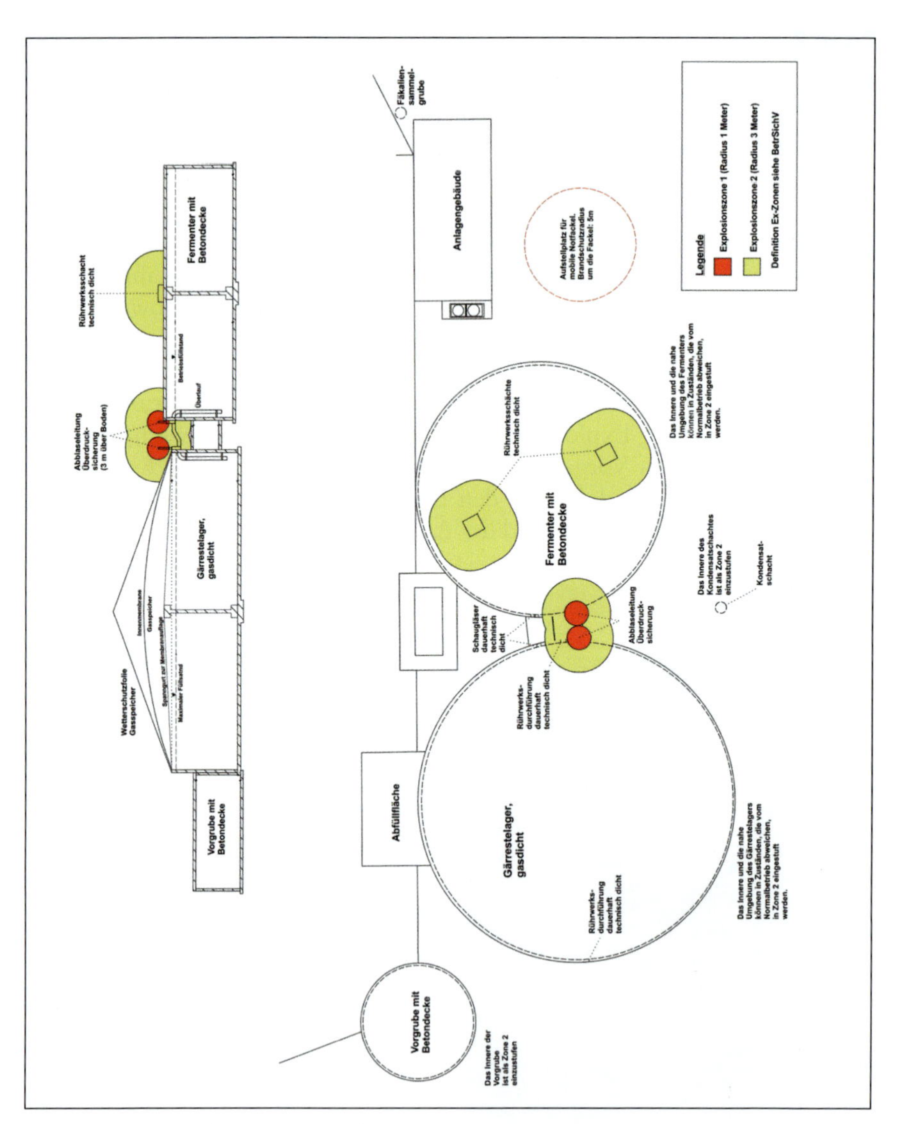

Abbildung 26: EX-Zonenplan Übersicht (Quelle: Verfasser)

Da in der Regel bei Einsätzen der Feuerwehr im Bereich von Biogasanlagen davon auszugehen ist, dass die ersten beiden Voraussetzungen für eine Explosion, brennbares Gas und Luftsauerstoff, nicht beeinflusst werden können, muss die Feuerwehr bei ihren Einsätzen in Biogasanlagen konsequent mögliche Zündquellen vermeiden.

Als mögliche Zündquellen kommen hier primär in Frage:

- heiße Oberflächen (z.B. Handscheinwerfer)
- mechanische Funken (z.B. Einsatz von Funken reißenden Werkzeugen)
- elektrische Funken (z.B. Ein-/Ausschalten nicht geschützter el. Geräte)
- elektrische Ausgleichsströme (z.B. nicht vorhandene/fehlerhafte Erdung)
- statische Elektrizität (z.B. statische Aufladung durch fehlerhafte persönliche Schutzkleidung)
- Blitzschlag (von der Feuerwehr in der Regel nicht zu beeinflussen, aber bei Unwettereinsätzen zu berücksichtigen)

Grundsätzlich sollte die Feuerwehr daher im Einsatz nur ex-geschützte Einsatzmittel verwenden.

6.1 Selbstkontrolle und Testfragen

(Lösungen siehe Seite 112)

1. Welche Faktoren müssen zusammenkommen, damit eine Explosionsgefahr besteht?

a) Brennbares Gas
b) (Luft-) Sauerstoff
c) Zündquelle
d) Richtiges Mischungsverhältnis

2. Welche Zone gemäß ATEX liegt vor, wenn ständig, langzeitig oder häufig eine explosionsfähige Atmosphäre aus einem Gemisch von Luft mit brennbaren Substanzen in Form von Gas, Dampf oder Nebel vorhanden ist?

a) Zone 0
b) Zone 1
c) Zone 2
d) Zone 3

3. Wie kann eine Einsatzkraft die Eignung eines Handscheinwerfers für die Nutzung im explosionsgefährdeten Bereich erkennen?

a) Durch die CE-Kennzeichnung
b) Durch die ATEX-Kennzeichnung
c) Durch die Angabe einer DIN-Nummer aus dem Bereich 14.000-14.999
d) Durch die Aufschrift „geeignet für Biogasanlagen“

4. Was können mögliche Zündquellen für explosionsgefährdete Gasgemische sein?

a) Heiße Oberflächen
b) Mechanische Funken
c) Elektrische Einschaltfunken
d) Funkwellen

7 Betriebliche Gefahrenabwehrpläne/Einsatzplanung und Einsatzvorbereitung für Störfälle

7.1 Brandschutzkonzept

Der Anlagenbetreiber einer Biogasanlage muss ein Brandschutzkonzept aufstellen und dieses anschließend mit der zuständigen Feuerwehr auf deren einsatztaktische Erfordernisse abstimmen. In abschließender Form ist das Brandschutzkonzept der zuständigen Genehmigungsbehörde spätestens vor Baubeginn der Anlage vorzulegen, da dieses zur Erteilung der Baugenehmigung erforderlich ist.

In dem Brandschutzkonzept sollen Angaben und Darstellungen zu folgenden Punkten beschrieben werden:

- Zu- und Durchfahrten sowie Aufstell- und Bewegungsflächen für die Feuerwehr
- Der Nachweis der erforderlichen Löschwassermenge sowie der Nachweis der Löschwasserversorgung
- Bemessung, Lage und Anordnung der Löschwasser-Rückhalteanlagen
- Das System der äußeren und der inneren Abschottungen in Brandabschnitte bzw. Brandbekämpfungsabschnitte sowie das System der Rauchabschnitte mit Angaben über die Länge und Anordnung der Bauteile
- Lage, Anordnung, Bemessung und Kennzeichnung der Rettungswege auf dem Baugrundstück und im Gebäude mit Angaben zur Sicherheitsbeleuchtung
- Angaben zu den Nutzern der baulichen Anlage
- Lage und Anordnung haustechnischer Anlagen, insbesondere der Leitungsanlagen, ggf. mit Angaben zum Brandverhalten im Bereich von Rettungswegen
- Lage und Anordnung etwaiger Lüftungsanlagen mit Angaben zur brandschutztechnischen Ausbildung
- Lage, Anordnung und Bemessung der Rauch- und Wärmeabzugsanlagen

- Lage, Anordnung und ggf. Bemessung von Anlagen, Einrichtungen und Geräten zur Brandbekämpfung (z.B. Feuerlöschgeräte) mit Angaben zu Schutzbereichen und zur Bevorratung von Sonderlöschmitteln

7.2 Feuerwehrplan nach DIN 14095

Wie der Name schon sagt, richtet sich der Feuerwehrplan ausschließlich an die Feuerwehr. Er dient dazu, im Einsatzfall dem Einsatzleiter der Feuerwehr einen schnellen Überblick über die gesamte Anlage mit allen dort vorhandenen Gefahrenpotenzialen zu liefern.

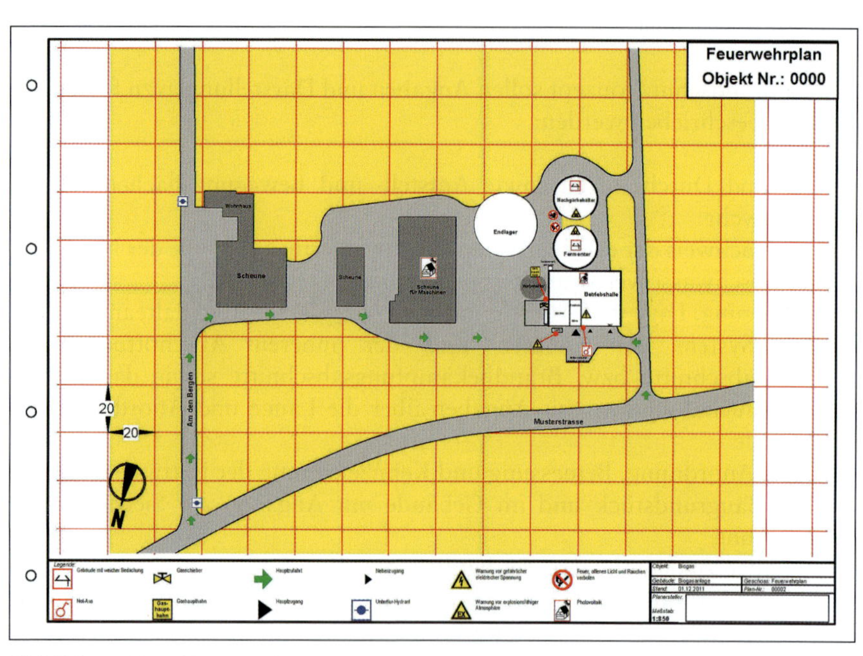

Abbildung 27: Feuerwehrplan gemäß DIN 14095 (Quelle: Verfasser)

Für den Betreiber einer Biogasanlage ist es nicht zwingend vorgeschrieben, einen Feuerwehrplan nach DIN 14095 zu erstellen. Vor dem Hintergrund möglicher Haftungsrisiken infolge eines Störfalls sollte aber jeder verantwortungsbewusste Betreiber einer Biogasanlage ein Eigeninteresse daran haben, dass die Einsatzkräfte schnell einen umfassenden Überblick über das betroffene Objekt haben.

Abhängig von Größe und Biogas-Speichervolumen muss im Einzelfall mit der Genehmigungsbehörde in Verbindung mit der zuständigen Brandschutzdienststelle geklärt werden, inwieweit für eine geplante Anlage ein Feuerwehrplan nach DIN 14095 erforderlich ist. Ein solcher Plan muss vom Anlagenbetreiber bzw. von einem von ihm beauftragten Sachverständigen nach den gültigen Regeln, wie sie in der DIN 14095 festgehalten sind, erstellt werden.

Der Feuerwehrplan besteht im Einzelnen aus folgenden Teilen:

■ Objektbeschreibung

Die Objektbeschreibung ist wie in der DIN 14095 Anhang B auszuführen („Allgemeine Objektinformationen“ und „Zusätzliche textliche Erläuterungen“). Das Layout der Objektbeschreibung und der Pläne sollte stimmig sein.

Wenn möglich sollte eine digitale Ausführung der Objektbeschreibung für die Feuerwehr zu Verfügung gestellt werden, so dass diese änderbar ist, um weitere einsatzrelevante Dinge zu vermerken.

■ Übersichtsplan

Der Feuerwehrübersichtsplan muss im Maßstab so gewählt werden, dass die Darstellung des betroffenen Objekts im Plan formatfüllend ist.

Der Übersichtsplan ist mit einem 20-m oder 50-m-Maßraster zu versehen, gegebenenfalls ist ein Achsenkreuz ausreichend.

Zusätzlich zur DIN 14095 sollten folgende Angaben noch in den Plan mit aufgenommen werden:

- Einfriedungen, Umwehrungen, Zäune
- Löschwasserrückhalteeinrichtungen mit Angaben über die Aufnahmekapazität
- Für schwer auffindbare/zugängliche Räume und Bereiche, die stark untergliedert oder in denen besondere betriebliche Anlagen und/oder Gefahrenpunkte vorhanden sind, sollten Ergänzungspläne erstellt werden, aus denen Details ersichtlich sind. Das Gleiche gilt für Räume und Bereiche mit Steuerungstechnik für besondere betriebliche Anlagen (z.B. Sprinklerventile, Absperrvorrichtung, Gasschieber, Not-Aus-Schalter usw.).
- Kanaleinläufe und Zuflüsse sind zu markieren. Besondere Hinweise zum Dichtsetzen dieser Einrichtungen sind dem Feuerwehrplan beizufügen. Von der Feuerwehr könnten noch zusätzlich Abwasserpläne gefordert werden, aus denen insbesondere die Kanaleinläufe, die Schnittstellen zum öffentlichen Kanalsystem und Absperreinrichtungen hervorgehen. Es ist anzuraten, Kanaleinläufe im Umkreis von Biogasanlagen im Vorfeld in einen Kanaleinlaufplan einzuzeichnen. Dies erspart der Feuerwehr langwieriges Suchen.

■ Geschossplan

Der jeweilige Geschossplan muss im Maßstab so gewählt werden, dass die Darstellung des Geschosses im Plan formatfüllend ist.

In den Geschossplänen ist die betrieblicherseits übliche Nutzungs- bzw. Geschossbezeichnung (z.B. Ebene 01, Zwischengeschoss, Lagerebene, DG) oder die bauliche Geschosszahl (z.B. 2. OG) anzugeben.

Alle Räume sollten entsprechend ihrer Nutzung bezeichnet werden (z.B. Küche, Büro, Schulungsraum etc.), Flure und Treppenräume sind nur farblich zu kennzeichnen, Treppenraumbezeichnungen sind über dem Geschosssymbol einzutragen.

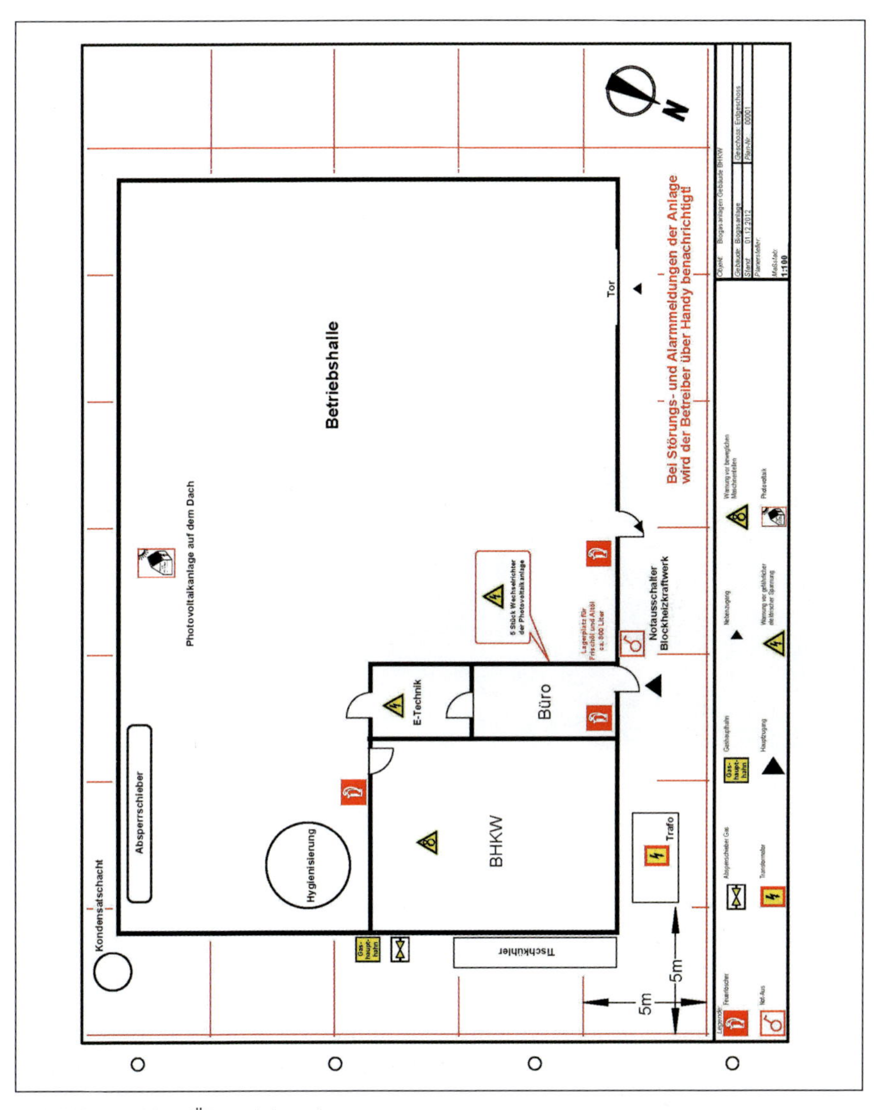

Abbildung 28: Übersichtsplan (Quelle: Verfasser)

■ Ergänzungspläne

Für schwer auffindbare/zugängliche Räume und Bereiche, die stark untergliedert oder in denen besondere betriebliche Anlagen und/oder Gefahrenpunkte vorhanden sind, sollten Ergänzungspläne erstellt werden, aus denen Details ersichtlich sind und die als Anlage dem Lageplan beigefügt werden.

Das Gleiche gilt für Räume und Bereiche in denen Ab- und Zuschaltungen für besondere betriebliche Anlagen (z.B. Sprinklerventile, Gasabsperrvorrichtung usw.) vorhanden sind.

Zum besseren Verständnis wäre es sinnvoll, die Pläne mit beschrifteten Fotos der Räume bzw. Einrichtungen zu ergänzen, z.B. für Standorte von Schächten und Standorte von Absperrventilen.

Abbildung 29: Absperrschieber (Quelle: Verfasser)

7.3 Alarm- und Gefahrenabwehrplan

Im Gegensatz zum Feuerwehrplan richtet sich der betriebliche Alarm- und Gefahrenabwehrplan nicht ausschließlich an die Feuerwehr sondern ist in erster Linie für das Betriebspersonal einer Anlage gedacht. Der betriebliche Alarm- und Gefahrenabwehrplan dient dazu, dass der Betreiber im Vorfeld bereits Planungen für notwendige Maßnahmen zur Schadensminderung und im Rahmen einer Störfallbeseitigung vornimmt. Da sich im Einsatzfall der Plan ebenfalls an die eingesetzten externen Kräfte richtet, sollte der Alarm- und Gefahrenabwehrplan grundsätzlich mit den zuständigen Gefahrenabwehrbehörden, wie der Feuerwehr, abgesprochen werden.

Ein entsprechendes Muster für einen betrieblichen Alarm- und Gefahrenabwehrplan kann aus dem Anhang 8 der TI 4 entnommen werden. Bei diesem Muster handelt es sich um eine Empfehlung für normale Biogasanlagen. Unterliegt die Anlage der Störfallverordnung gemäß der 12. BImSchV, sind die dort genannten Anforderungen, welche deutlich über die oben genannten hinausgehen, zu erfüllen.

7.3.1 Vorschlag für den Inhalt eines Alarm- und Gefahrenabwehrplans

Bei einer Biogasanlage handelt es sich um eine bauliche Anlage, die zur sachgerechten Erfassung des Brandrisikos einer eingehenden Betrachtung bei der Planung und einer engen Abstimmung der einsatztaktischen Notwendigkeiten mit der Führung der Einsatzkräfte der örtlichen Feuerwehr bedarf.

Hierzu ist in der Regel die Erarbeitung eines gemeinsamen Konzeptes für den taktischen Einsatz der Feuerwehr bei Brandereignissen oder bei sonstigen technischen Hilfeleistungen (Brandschutzkonzept) erforderlich.

Das Brandschutzkonzept ist vom Anlagenbetreiber im Entwurf aufzustellen und anschließend mit der zuständigen Feuerwehr auf deren einsatztaktische Erfordernisse abzustimmen. In abschließender Form ist das Brandschutzkonzept der zuständigen Genehmigungsbehörde spätestens eine Woche vor Inbetriebnahme der Anlage vorzulegen.

Je nach den Umständen des Einzelfalls hat das Brandschutzkonzept in der Regel Angaben und Darstellungen zu folgenden Punkten zu enthalten:

1. Objekt-Zugänglichkeit, Zu- und Durchfahrten sowie Aufstell- und Bewegungsflächen für die Feuerwehr (Diese Anforderung wird am sinnvollsten mit einem Feuerwehrplan nach DIN 14.095 erfüllt.)
2. Nachweis der erforderlichen Löschwassermenge sowie Nachweis der Löschwasserversorgung
3. Bemessung, Lage und Anordnung der Löschwasser-Rückhalteanlagen
4. Das System der äußeren und der inneren Abschottungen in Brandabschnitte bzw. Brandbekämpfungsabschnitte sowie das System

der Rauchabschnitte mit Angaben über die Lage und Anordnung der Bauteile
5. Lage, Anordnung, Bemessung und Kennzeichnung der Rettungswege auf dem Baugrundstück und in Gebäuden mit Angaben zur Sicherheitsbeleuchtung
6. Angaben zu den Nutzern der baulichen Anlage
7. Lage und Anordnung haustechnischer Anlagen, insbesondere der Leitungsanlagen, ggf. mit Angaben zum Brandverhalten im Bereich von Rettungswegen
8. Lage und Anordnung etwaiger Lüftungsanlagen mit Angaben zur brandschutztechnischen Ausbildung
9. Lage, Anordnung und Bemessung der Rauch- und Wärmeabzugsanlagen
10. Lage, Anordnung und ggf. Bemessung von Anlagen, Einrichtungen und Geräten zur Brandbekämpfung (z.B. Feuerlöschgeräte) mit Angaben zu Schutzbereichen und zur Bevorratung von Sonderlöschmitteln.

Dem ist ergänzend hinzuzufügen, dass die DIN 14095 in Feuerwehrplänen keine Explosionsschutzzonen definiert, es aber enorm wichtig sein kann, dass auch Feuerwehren im Einsatz über die Lage und Ausbreitung von Explosionsschutzzonen an BGA informiert werden! So wäre es z.B. sehr unklug ein Einsatzfahrzeug im Bereich einer Gasfahne eines Überdruckventiles aufzustellen. Daher ist es sehr wichtig zu wissen, wo bei einem Einsatz eventuell hoch entzündliche Gase entweichen und sich zündfähige Gemische mit Luft bilden könnten.

7.4 Selbstkontrolle und Testfragen

(Lösungen siehe Seite 112)

1. Welche Aussagen über Brandschutzkonzepte für Biogasanlagen sind richtig?

a) Diese werden durch die örtlich zuständige Feuerwehr erstellt.
b) Diese werden nur benötigt, wenn eine eigene Betriebsfeuerwehr vorhanden ist.
c) Für jede BGA muss ein individuelles Brandschutzkonzept erstellt werden.
d) Diese sind Standardwerke, die man aus dem Internet herunterladen kann.

2. Welche Aussagen über Gefahrenabwehrpläne für Biogasanlagen sind richtig?

a) Diese werden durch die örtlich zuständige Feuerwehr erstellt.
b) Diese werden nur benötigt, wenn eine eigene Betriebsfeuerwehr vorhanden ist.
c) Für jede Biogasanlage muss ein individueller Gefahrenabwehrplan erstellt werden.
d) Diese werden nur für Biogasanlagen benötigt, die der Störfallverordnung unterliegen.

3. Welche Inhalte sollte ein Gefahrenabwehrplan haben?

a) Objekt-Zugänglichkeit, Zu- und Durchfahrten sowie Aufstell- und Bewegungsflächen für die Feuerwehr
b) Bemessung, Lage und Anordnung der Löschwasser-Rückhalteanlagen
c) Brandabschnitte
d) Die Adresse und Rufnummer des Leiters der örtlichen Feuerwehr

4. Unterscheiden sich Gefahrenabwehrpläne für Biogasanlagen die der Störfallverordnung unterliegen von denen anderer Anlagen?

a) Nein, es bestehen keine Unterschiede.
b) Ja, die Störfallverordnung schreibt Aufbau und Inhalt eines Gefahrenabwehrplans vor.
c) Ja, Gefahrenabwehrpläne für Störfallverordnungsbetriebe müssen durch einen vereidigten Sachverständigen angefertigt werden.

8 Gefahrenbeurteilung durch den Einsatzleiter

Grundsätzlich sind im Feuerwehreinsatz alle gültigen Feuerwehrdienstvorschriften zu berücksichtigen. Bei Einsätzen im Bereich von Biogasanlagen sind in besonderer Weise die Feuerwehrdienstvorschrift 100 („Führung und Leitung im Einsatz") sowie die Feuerwehrdienstvorschrift 500 („Einheiten im ABC-Einsatz") zu berücksichtigen.

Feuerwehrdienstvorschrift (FwDV) 100

Aufgrund der vielfältigen Gefahren, die bei einem Einsatz im Bereich von Biogasanlagen auf die eingesetzten Kräfte wirken können, ist eine umfangreiche Gefahrenanalyse erforderlich. Je nach Schadensfall können unterschiedliche Gefahren wirksam werden. Im Nachfolgenden ist eine Gefahrenmatrix aufgeführt, in der alle möglichen Gefahren dargestellt sind.

Gefahrenmatrix

Gefahren durch / für	Atemgifte	Angstreaktion	Ausbreitung	Atomare Strahlung	Chemische Stoffe	Erkrankung	Explosion	Elektrizität	Einsturz
	A	A	A	A	C	E	E	E	E
Menschen	X	X	X		X	X	X	X	X
Tier	?	?	?		?	?	?	?	?
Umwelt	X		X		X				
Sachwerte			X		X		X	X	X
Mannschaft	X	X	X		X	X	X	X	X
Gerät			X		X		X	X	X

Anmerkung: Die „?" bei „Tier" bedeuten, dass im Einzelfall zu prüfen ist, ob auch Tiere gefährdet sind.

Feuerwehrdienstvorschrift (FwDV) 500

Die FwDV 500 löste die FwDV 9/1 und 9/2 für den Strahlenschutzeinsatz und die FwDV 14 für den Einsatz mit Gefährlichen Stoffen und Gütern ab. Da es bis dahin keine FwDV gab, die den B-Einsatz regelt, wurde dies auch mit aufgenommen. Ebenso berücksichtigt wurde die vfdb-Richtlinie 10/02.

Die FwDV 500 besteht aus zwei Teilen, den „Rahmenrichtlinien" und „Speziellen Richtlinien". In den „Rahmenrichtlinien" werden grundsätzliche Regelungen für ABC-Einsätze getroffen, in den „Speziellen Richtlinien" dagegen Regelungen für den A-, B- und C-Einsatz, die dort speziell notwendig sind. Von den „Speziellen Richtlinien" kommen für den Bereich der Biogasanlagen die Regelungen für den B- und C-Einsatz zum Tragen.

Im Bereich der Rahmenrichtlinien soll hier unter anderem auf das Thema Gefahrengruppen, persönliche Schutzausrüstung und Dekontamination eingegangen werden.

Die Gefahrengruppen wurden eingeführt, um Gefahren für die Feuerwehr besser vergleichbar zu machen und taktische Maßnahmen besser strukturieren zu können.

Die Gefahrengruppen sind wie folgt definiert:

Gefahrengruppe I

Bereiche, in denen die Einsatzkräfte ohne Sonderausrüstung tätig werden dürfen. Zur Vermeidung einer Inkorporation soll jedoch Atemschutz getragen werden. Allgemeine Verhaltensregeln für den Einsatz in Industrieanlagen oder Laboratorien sind zu beachten.

Gefahrengruppe II

Bereiche, in denen die Einsatzkräfte nur mit Sonderausrüstung und unter besonderer Überwachung und Dekontamination/Hygiene tätig werden dürfen.

Gefahrengruppe III

Bereiche, in denen Einsatzkräfte nur mit Sonderausrüstung und unter besonderer Überwachung und Dekontamination/Hygiene tätig werden dürfen und deren Eigenart die Anwesenheit einer fachkundigen Person notwendig macht, die während des Einsatzes die entstehende Gefährdung und die anzuwendenden Schutzmaßnahmen beurteilen kann.

Diese drei Gefahrengruppen werden je nach Zugehörigkeit des Gefahrstoffes mit dem Buchstaben A für radioaktive (IA, IIA, IIIA), B für biologische (IB, IIB, IIIB) und C für chemische Gefahrstoffe (IC, IIC, IIIC) unterschieden.

Unterschiedliche Gegebenheiten bei Biogasanlagen in Bezug auf die eingesetzten Stoffe machen es vergleichsweise schwierig, eine feste allgemeingültige Einteilung in die drei Gefahrengruppen vorzunehmen. Im Bereich der chemischen Gefahrstoffe ist eine Einteilung in die Gruppe

- IIC: Risiken, welche voraussichtlich eine zusätzliche Sonderausrüstung erfordern

erforderlich, da bei Maßnahmen die über eine Menschenrettung im Rahmen der GAMS-Regel hinausgehen, eine erweiterte Schutzausrüstung und eine erweiterte Hygiene erforderlich ist.

Im Bereich möglicher biologischer Gefahren ist, abhängig von der vorliegenden Situation, eine Einstufung entweder in die Gruppe IB oder IIB erforderlich.

- IB: Bereiche, die in Sicherheits- oder der Schutzstufe 1 (Risikogruppe 1) eingeordnet sind.
- IIB: Bereiche, die in Sicherheits- oder der Schutzstufe 2 (Risikogruppe 2) eingeordnet sind und Bereiche, in denen mit Organismen der Risikogruppe 3** umgegangen wird.

Dabei sind die Risikogruppen wie folgt definiert:

Risikogruppe 1
Biologische Arbeitsstoffe der Risikogruppe 1 sind solche, bei denen es unwahrscheinlich ist, dass sie beim Menschen eine Krankheit verursachen.

Risikogruppe 2
Biologische Arbeitsstoffe der Risikogruppe 2 sind solche, die eine Krankheit beim Menschen hervorrufen und eine Gefahr für Beschäftigte darstellen können. Eine Verbreitung des Stoffes in der Bevölkerung ist unwahrscheinlich. Eine wirksame Vorbeugung oder Behandlung ist möglich.

Risikogruppe 3**
Biologische Arbeitsstoffe der RG 3** sind bestimmte biologische Arbeitsstoffe, die im Anhang III der Richtlinie 90/679/EWG in Risikogruppe 3 eingestuft, aber mit 2 Sternchen(**) versehen sind. Bei diesen biologischen Arbeitsstoffen ist das Infektionsrisiko begrenzt (geringer als das Risiko bei RG 3 ohne Sternchen), da eine Infizierung über den Luftweg normalerweise nicht erfolgen kann.

Risikogruppe 3
Biologische Arbeitsstoffe der RG 3 sind solche, die eine Krankheit beim Menschen hervorrufen und eine Gefahr für Beschäftigte darstellen können. Die Gefahr einer Verbreitung des Stoffes unter der Bevölkerung kann bestehen. Eine wirksame Vorbeugung oder Behandlung ist möglich.

In der überwiegenden Zahl der Fälle sind die in Biogasanlagen eingesetzten Stoffe der Risikogruppe 1 und 2 zuzuordnen. Insbesondere im Bereich der Klärschlammvergasung besteht die Notwendigkeit der Zuordnung zu Risikogruppe 2. Eine Einordnung in die Risikogruppe 3 ist nur in Ausnahmefällen erforderlich.

Risikogruppe 4
Biologische Arbeitsstoffe der Risikogruppe 4 sind solche, die eine schwere Krankheit beim Menschen hervorrufen und eine ernste Gefahr für Beschäftigte darstellen; die Gefahr einer Verbreitung unter der Bevölkerung ist unter Umständen groß. Normalerweise ist eine wirksame Vorbeugung oder Behandlung nicht möglich.

Abbildung 30: Chemikalienschutzanzug (Quelle: Suckrau)

8.1 Persönliche Schutzausrüstung

Aufgrund der möglichen Gefährdung ist bei Einsätzen im Bereich von Biogasanlagen sowohl Kontamination als auch die Inkorporation der dort auftretenden Gefahrstoffe durch die Wahl einer geeigneten persönlichen Schutzausrüstung in jedem Fall zu verhindern. Hierzu ist in der Regel eine über das normale Maß der persönlichen Schutzausrüstung hinausgehende Ausstattung erforderlich. Zur Verhinderung einer möglichen Inkorporation

Abbildung 31: Kontaminierter Feuerwehrmann (Quelle: Feuerwehr Korbach)

ist in jedem Fall der Einsatz von umluftunabhängigem Atemschutz erforderlich. Zur Verhinderung einer möglichen Kontamination ist Einsatz bezogen entsprechende Schutzkleidung vom Einsatzleiter auszuwählen.

8.2 Dekontamination

Gemäß Feuerwehrdienstvorschrift 500 müssen Personen und Geräte, die den Gefahrenbereich verlassen zuvor dekontaminiert werden.

Der Dekon-Platz für Personen muss grundsätzlich spätestens 15 Minuten nach dem ersten Anlegen einer persönlichen Sonderausrüstung (Anschluss des Pressluftatmers) betriebsbereit sein! Bis der Dekon-Platz betriebsbereit ist, muss ein Not-Dekon bereit stehen, sobald ein Trupp in den Gefahrenbereich vorgeht.

Grundsätzlich sind lebensrettende Sofortmaßnahmen vor einer notwendigen Dekontamination durchzuführen. Unabhängig davon hat in jedem Fall der Schutz der Einsatzkräfte höchste Priorität. Auch während der Durchführung eventuell notwendiger lebensrettender Sofortmaßnahmen darf der Eigenschutz der Rettungskräfte nicht vernachlässigt werden. Bei einem Unfall, der auch im Kapitel 3 „Einsatzbeispiele" beschrieben ist, wurden Einsatzkräfte durch an der Kleidung von Opfern anhaftendes Schwefelwasserstoffgas erheblich gesundheitlich geschädigt, während sie außerhalb des gekennzeichneten Gefahrenbereiches ohne Atemschutz lebensrettende Sofortmaßnahmen durchgeführt haben.

Auch die Durchführung von lebensrettenden Sofortmaßnahmen, die keinen zeitlichen Aufschub dulden, befreien die Einsatzkräfte nicht von der Forderung nach Durchführung einer Notdekontamination gemäß FwDV 500. Bei einer Kontamination mit Schwefelwasserstoff kann dies bedeuten, dass der Betroffene im Rahmen der Notdekontamination entkleidet werden muss und am Körper anhaftender Schwefelwasserstoff abgespült werden muss. Dies gilt insbesondere vor Übergabe eines Patienten an den Rettungsdienst.

8.3 Selbstkontrolle und Testfragen

(Lösungen siehe Seite 112)

1. **Welche Feuerwehrdienstvorschriften sind bei Einsätzen in Biogasanlagen besonders zu berücksichtigen?**

a) Feuerwehrdienstvorschrift 100 („Führung und Leitung im Einsatz“)
b) Feuerwehrdienstvorschrift 500 („Einheiten im ABC-Einsatz“)
c) Feuerwehrdienstvorschrift 8 („Tauchen“)
d) Feuerwehrdienstvorschrift 7 („Atemschutz“)

2. **In welche Gefahrengruppe gemäß Feuerwehrdienstvorschrift 500 sind die Stoffe einer Biogasanlage einzuordnen?**

a) IC
b) IIC
c) IIIC
d) IIA

3. **In welche Risikogruppen gemäß Feuerwehrdienstvorschrift 500 sind die Stoffe einer Biogasanlage einzuordnen?**

a) In der überwiegenden Zahl der Fälle sind die in Biogasanlagen eingesetzten Stoffe der Risikogruppe 1 und 2 zuzuordnen.
b) Die Stoffe eine Biogasanlage können in keine der Risikogruppen gemäß Feuerwehrdienstvorschrift 500 eingeordnet werden.
c) Stoffe einer Biogasanlage sind ausschließlich der Risikogruppe 3** zuzuordnen.
d) Stoffe einer Biogasanlage sind ausschließlich der Risikogruppe 1 zuzuordnen.

4. Welche Aussagen über Dekontamination von Mannschaft und Gerät beim Einsatz in Biogasanlagen ist richtig?

a) Gemäß Feuerwehrdienstvorschrift 500 müssen sowohl Gerätschaften als auch Personen, die den Gefahrenbereich verlassen, zuvor dekontaminiert werden.
b) Der Dekon-Platz muss grundsätzlich spätestens 15 Minuten nach dem ersten Anlegen einer persönlichen Sonderausrüstung (Anschluss des Pressluftatmers) betriebsbereit sein.
c) Grundsätzlich sind lebensrettende Sofortmaßnahmen vor einer notwendigen Dekontamination durchzuführen.
d) Beim Einsatz in Biogasanlagen sind keine besonderen Dekontaminationsmaßnahmen gemäß Feuerwehrdienstvorschrift 500 erforderlich.

9 Maßnahmen zur Gefahrenabwehr durch die Feuerwehr

9.1 Zusammensetzung des Biogases

Aufgrund der Vielzahl der möglicherweise eingesetzten Ausgangsstoffe für die Produktion von Biogas schwankt die Zusammensetzung sowohl in Bezug auf ihre Bestandteile als auch auf deren prozentualen Gehalt erheblich. Biogas ist aufgrund seiner Entstehung ein Gemisch aus unterschiedlichen Gasen. Nach den „Sicherheitsregeln für Biogasanlagen“ der landwirtschaftlichen Berufsgenossenschaft besteht Biogas im Wesentlichen aus:

- Methan (50 bis 80 Vol.-%),
- Kohlenstoffdioxid (20 bis 50 Vol.-%) und
- Schwefelwasserstoff (0,01 bis 0,4 Vol.-%).

In geringen Mengen können zusätzlich vorhanden sein :

- Ammoniak,
- Wasserstoff,
- Stickstoff und
- Kohlenmonoxid.

Die Dichte von Biogas als Gasgemisch liegt etwa bei 1,22 kg/m^3 (abhängig von der Zusammensetzung). Damit wäre Biogas etwas leichter als Luft. Biogas neigt jedoch zur Entmischung. Dabei entweicht das deutlich leichtere Gas Methan nach oben, während sich das deutlich schwerere Kohlenstoffdioxid am Boden und in Schächten sammeln kann.

Der Explosionsbereich des Gasgemisches liegt im Bereich von 6 bis 22 Vol.-%, wobei dieser in erster Linie von der Methangas-Konzentration im Biogas abhängig ist, welche, wie oben angegeben, erheblich variiert. Der Explosionsbereich eines dreiphasigen Gasgemisches ist dem Diagramm aus Abbildung 23 zu entnehmen.

Abbildung 32: EX-Gefahrsymbol

Die Zündtemperatur liegt mit 700 °C etwas höher als die Zündtemperatur von Erdgas.

Die Eigenschaften der verschiedenen Gase in Bezug auf ihre Zündfähigkeit, Ausbreitungseigenschaften, Giftigkeit sowie sonstige Gefährdungen werden nachfolgend beschrieben.

Biogas wird in die Wassergefährdungsklasse (WKG) 1 eingeordnet.

9.1.1 Methan

Methan (Summenformel CH_4) ist ein farb- und geruchloses, brennbares Gas, das in der Natur als Hauptbestandteil von Erdgas und von Biogas vorkommt. Es verbrennt an der Luft mit bläulicher, nicht rußender Flamme. Es kann explosionsartig mit Sauerstoff oder Chlor reagieren, wozu allerdings eine Initialzündung (Zufuhr von Aktivierungsenergie) oder Katalyse erforderlich ist.

Methan hat eine Dichte von 0,72 $kg \cdot m^{-3}$ (gasförmig, 0 °C, 1013 hPa) und ist damit um ein Vielfaches leichter als Luft.

Es ist in Wasser kaum löslich, d.h., ein Niederschlagen von Biogas mit Wassernebel ist in Bezug auf die Bindung von Methan in dem Wassernebel nicht möglich.

Mit einem Luftvolumenanteil zwischen 4, 6 und 16 Prozent bildet es explosive Gemische. Methan ist hoch entzündlich, der Flammpunkt liegt bei 188 °C, die Zündtemperatur bei 600 °C. Aufgrund der relativ geringen Zündenergie ist bei der Lagerung und beim Umgang mit Methangas für eine sichere Ableitung statischer Elektrizität zu sorgen.

Wirkung auf den menschlichen Körper

Reines Methangas ist ungiftig, die Aufnahme von Methan kann allerdings zu erhöhten Atem- (Hyperventilation) und Herzfrequenzen führen, es kann kurzzeitig zu niedrigem Blutdruck, Taubheit in den Extremitäten, Schläfrigkeit, mentaler Verwirrung und Gedächtnisverlust, alles hervorgerufen durch Sauerstoffmangel, führen. Wird betroffenen Personen rechtzeitig ausreichend Sauerstoff zugeführt, führt es aber wegen der fehlenden Giftigkeit zu keinen bleibenden Schäden.

Merke: Methangas zählt zu den Atemgiften der Gruppe 1 mit Sauerstoff verdrängender Wirkung.

9.1.2 Kohlenstoffdioxid

Kohlenstoffdioxid, auch Kohlendioxid genannt, ist eine chemische Verbindung aus Kohlenstoff und Sauerstoff mit der Summenformel CO_2. Kohlenstoffdioxid ist ein unbrennbares, saures, farb- und geruchloses Gas. Das Gas hat eine Molmasse von 44,010 g/mol und ist daher schwerer als Luft (CO_2 : Luft = 1,53). Kohlenstoffdioxid hat mit einer Wasserlöslichkeit von 1,501 g/l bei 25 °C ein hohes Bindungsvermögen in Wasser. Es unterhält die Verbrennung nicht, Flammen erlöschen bei Volumenkonzentrationen von 8–10% Kohlenstoffdioxid.

Kohlenstoffdioxid ist ein natürlicher Bestandteil der Luft, wo es derzeit in einer mittleren Konzentration von 0,039 Vol.-% (390 ppm) vorkommt.

Abbildung 33: CO_2-Warnung

Wirkung auf den menschlichen Körper

In verdünnter Form mit Luft ist Kohlenstoffdioxid völlig ungiftig. Die Schadwirkung auf Tier und Mensch beruht nicht nur auf der Verdrängung des Sauerstoffes in der Luft. Im Blut gelöstes Kohlenstoffdioxid aktiviert in physiologischer und leicht gesteigerter Konzentration das Atemzentrum des Gehirns.

In deutlich höherer Konzentration beeinflusst Kohlenstoffdioxid den reflektorischen Atemanreiz bis hin zum Atemstillstand. Ab etwa 5 % Kohlenstoffdioxid in der eingeatmeten Luft treten Kopfschmerzen und Schwindel auf, bei höheren Konzentrationen beschleunigter Herzschlag (Tachykardie), Blutdruckanstieg, Atemnot und Bewusstlosigkeit, die sogenannte Kohlenstoffdioxid-Narkose. Kohlenstoffdioxid-Konzentrationen von 8% führen innerhalb von 30 bis 60 Minuten zum Tod.

Merke: Kohlenstoffdioxid zählt damit zu den Atemgiften der Gruppe 3 mit Wirkung auf Blut, Nerven und Zellen.

9.1.3 Schwefelwasserstoff

Schwefelwasserstoff (Wasserstoffsulfid, Dihydrogensulfid) ist ein übel riechendes, stark giftiges Gas. Es ist eine Verbindung aus Schwefel und Wasserstoff mit der chemischen Formel H_2S. Schwefelwasserstoff verursacht schon in extrem geringen Konzentrationen den typischen Geruch von faulen Eiern.

Schwefelwasserstoff ist brennbar, farblos und in Wasser wenig löslich. Schwefelwasserstoff verbrennt bei Luftzufuhr mit blauer Flamme zu SO_2 und Wasser, wobei unter anderem schweflige Säure (H_2SO_3) entsteht. Es ist eine schwache Säure.

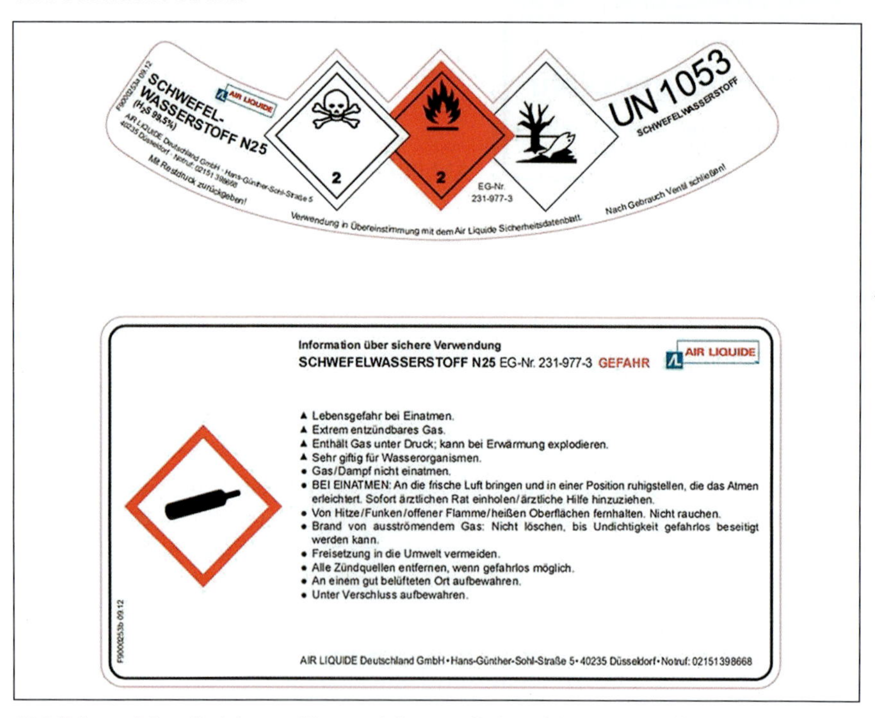

Abbildung 34: Gefahrgut-Kennzeichnung Schwefelwasserstoff (Quelle: Air Liquide Deutschland GmbH)

Schwefelwasserstoff bildet leicht entzündliche Gas-Luft-Gemische. Der Explosionsbereich liegt zwischen 4,3 Vol.-% (60 g/m^3) als untere Explosionsgrenze (UEG) und 45,5 Vol.-% (650 g/m^3) als obere Explosionsgrenze (OEG). Der maximale Explosionsdruck beträgt 5,9 bar. Es resultiert damit eine Zuordnung in die Explosionsgruppe IIB. Die Zündtemperatur beträgt 270 °C. Der Stoff fällt somit in die Temperaturklasse T3 (ATEX-Richtlinie).

Es hat eine Dichte von 1,54 $kg \cdot m^{-3}$ (0 °C). Es reagiert mit Eisen(II)-Ionen zu schwarzem Eisensulfid (FeS). Diese chemische Reaktion wird bei einigen Verfahren zur Reinigung von Biogas ausgenutzt. Hier würde bei der weiteren Verwendung in Verbrennungsmotoren das nach der Verbrennung entstehende Schwefeldioxid erhebliche Korrosionsprobleme verursachen.

Besondere Gefahr für den Menschen

Schwefelwasserstoff ist ein äußerst giftiges Gas, das zur Schwefelwasserstoffvergiftung führen kann.

Schwefelwasserstoff führt bereits bei geringen Konzentrationen zum Blockieren der menschlichen Geruchsrezeptoren, wodurch man eine Erhöhung der Konzentration nicht mehr über den Geruch wahrnehmen kann. Der Schwellwert für die Betäubung der Geruchsrezeptoren liegt bei einer Konzentration von > 200 ppm H_2S.

Der Schwefelwasserstoff führt bei Kontakt mit Schleimhäuten in Augen, Nase und in der Lunge zu einer sehr starken Reizwirkung. Eine Folge davon sind Lungenödeme.

Die eigentliche Giftwirkung beruht auf einer Zerstörung des roten Blutfarbstoffes Hämoglobin und damit einer Lähmung der intrazellulären Atmung und kann Schäden im zentralen und evtl. auch peripheren Nervensystem hervorrufen.

Für den Menschen ergeben sich folgende Wirkungen:

- ab 20 ppm: Hornhautschäden bei längerer Einwirkung
- ≈ 100 ppm: Reizung der Schleimhäute an Auge und Atemwege, Speichelfluss, Hustenreiz
- > 200 ppm: Kopfschmerz, Atembeschwerden
- > 250 ppm: Betäubung der Geruchsrezeptoren
- > 300 ppm: Brechreiz
- ≈ 500 ppm: Kraftlosigkeit, Benommenheit, Schwindel
- > 500 ppm: Krämpfe, Bewusstlosigkeit

Langzeiteinwirkung unter niedrigen Dosen kann zu Müdigkeit, Appetitlosigkeit, Kopfschmerzen, Gereiztheit, Gedächtnisschwäche und Konzentrationsschwäche führen.

Für den Menschen ergeben sich konzentrationsabhängig folgende Vergiftungserscheinungen:

- ≈ 500 ppm: lebensgefährlich in 30 Minuten
- ≈ 1.000 ppm: lebensgefährlich in wenigen Minuten
- ≈ 5.000 ppm: tödlich in wenigen Sekunden

Das bedeutet, dass H_2S-Konzentrationen von 0,1 % nach wenigen Minuten und solche von 0,5 % nach wenigen Sekunden tödlich wirken. Bewusstlosigkeit tritt bei solchen Konzentrationen schon innerhalb eines oder mehrerer Atemzüge ein. Da, wie oben gezeigt, Schwefelwasserstoff in einer Konzentration von bis zu 0,4 % im Biogas enthalten sein kann, bildet Biogas in ungereinigter Form bereits ein tödliches Gas.

Merke: Schwefelwasserstoff zählt damit zu den Atemgiften der Gruppe 3 mit Wirkung auf Blut, Nerven und Zellen.

9.2 Vorgehensweise beim Austreten giftiger Gase

In erster Linie muss in diesem Kapitel das Austreten von Kohlenstoffdioxid und Schwefelwasserstoff berücksichtigt werden. Die Freisetzung von Methan ist aufgrund seiner geringen Dichte eher in Bezug auf seine Zündfähigkeit zu berücksichtigen.

Wie bereits in Kapitel 2 „Störfallrisiken“ dargestellt, ist mit der Gefahr des Austretens giftiger Gase an mehreren Stellen innerhalb einer Biogasanlage zu rechnen. Aufgrund seiner primären Funktion, der Produktion von Biogas, besteht die Möglichkeit des Austretens giftiger Gase im Bereich des Fermenters. Daneben besteht aber auch bei anderen Komponenten einer Biogasanlage die Möglichkeit des Austretens giftiger Gase.

Abbildung 35: Feuerwehrmann mit Atemschutzgerät (Quelle: Verfasser)

Eine weitere Quelle giftiger Gase stellt das Gärrestelager dar. Hier werden die Einsatzstoffe nach dem Verlassen des Fermenters zur weiteren Verwertung/ Entsorgung zwischengelagert. Grundsätzlich sollen die Einsatzstoffe ihre gesamte Biogasproduktion im Fermenter abliefern. Bei der Bildung von Biogas handelt es sich um einen biologischen Vorgang, der nicht an einem exakt definierten Zeitpunkt schlagartig abbricht. Das heißt, die Einsatzstoffe werden aus Wirtschaftlichkeitsgründen aus dem Fermenter ausgeleitet, wenn sie den überwiegenden Teil ihrer Inhaltsstoffe in Biogas umgesetzt haben.

Damit ist zwangsläufig verbunden, dass die Einsatzstoffe, nachdem sie den Fermenter verlassen haben, in Gärrestelager noch weiter in geringem Umfang Biogas freisetzen. Aufgrund der unterschiedlichen Zusammensetzung der Einsatzstoffe kann diese Bildung von Restgasen unterschiedlich stark sein. Darüber hinaus besteht grundsätzlich immer die Möglichkeit, dass durch eine technische Störung oder Fehlbedienung der Anlage die Einsatzstoffe den Fermenter bereits verlassen, wenn noch nennenswerte Gasbildung stattfindet. Da das Gärrestelager im Gegensatz zum Fermenter nicht beheizt ist, und die optimale Gasbildung bei Temperaturen deutlich über der durchschnittlichen Umgebungstemperatur liegt, wird auch in solchen Fällen die Gasproduktion deutlich unter der im eigentlichen Fermenter liegen.

Abbildung 36: Gärrestelager (Quelle: Verfasser)

Wie der Unfall in Kapitel 3.4 gezeigt hat, besteht auch im Bereich der Substrateinbringung die Möglichkeit der Bildung und damit des Austretens giftiger Gase. Bei dem grundsätzlichen Prozess in einer Biogasanlage handelt es sich um einen mikrobiologischen Vorgang. Es liegt im Wesen dieser Prozesse, dass dabei entstehende Biogase kontinuierlich und über einen längeren Zeitraum freigesetzt werden.

Grundsätzlich besteht aber auch die Möglichkeit der Freisetzung von Schwefelwasserstoff durch eine chemische Reaktion im Bereich der Substrateinbringung. D.h. in diesem Fall kann es zu einer schlagartigen Bildung von Schwefelwasserstoff kommen, da es sich um einen chemischen und nicht um einen mikrobiologischen Vorgang handelt.

Für das Vorgehen der Feuerwehr bei der Gefahr des Austretens giftiger Dämpfe von Biogasanlagen gelten grundsätzlich die Regeln der Feuerwehrdienstvorschrift 100 sowie der Feuerwehrdienstvorschrift 500, wie sie in Kapitel 8 erläutert wurden.

Das Vorgehen des Einsatzleiters ist abhängig vom Alarmierungsstichwort und von den ersten Erkundungsergebnissen, die durch die Notrufabfrage der Zentralen Leitstelle gesammelt wurden.

Nach dem Gefahrenschema der Feuerwehrdienstvorschrift 100 ist aufgrund der Einsatzmeldung „Hilfeleistung Gas Biogasanlage“ primär mit folgenden Gefahren zu rechnen:

- Ausbreitung
- Atemgifte
- chemische Gefahren
- Erkrankung
- Explosion

Ausbreitung

Biogas als Gasgemisch breitet sich aufgrund seiner Dichte, die nur geringfügig größer ist als die von Luft, im Bereich der Austrittsstelle vergleichbar wie Umgebungsluft aus. Aufgrund der starken Dichteunterschiede der einzelnen Bestandteile des Gasgemisches Biogas kann es im Zuge der Ausbreitung zu einer Entmischung kommen. Dies führt dazu, dass sich das deutlich schwerere Kohlendioxid am Boden und in Schächten sammeln kann. Das deutlich leichtere Methan wird sich dann verstärkt in höheren Luftschichten ansammeln.

Atemgifte

Abhängig von der Quelle des freigesetzten Gases muss mit Atemgiften sowohl der Gruppe 1 (Sauerstoff verdrängende Wirkung) sowie der Gruppe 3 (Wirkung auf Blut, Nerven und Zellen) gerechnet werden. Wobei in jedem Fall bis zu einer eindeutigen Bestimmung des vorhandenen Gases von dem Vorhandensein hoch toxischer Atemgifte ausgegangen werden muss.

Neben der Freisetzung giftiger Gase bzw. Sauerstoff verdrängender Gase besteht auch die Möglichkeit, dass insbesondere im Bereich der Materialaufgabe durch eine ungewollt einsetzende aerobe Reaktion der Gärsubstrate der umgebende Sauerstoff verbraucht wird und dabei, insbesondere in geschlossenen Räumen, eine für den Menschen zu geringe Sauerstoffkonzentration entsteht.

Chemische Gefahren

Neben der bereits unter dem Punkt Atemgifte abgehandelten Giftigkeit, ist unter Umständen auch die korrosive Wirkung der austretenden Gase zu berücksichtigen.

Erkrankung

Infolge der möglicherweise zu erwartenden Giftigkeit austretender Gase, ist auch mit der Gefahr der Erkrankung von betroffenen Personen zu rechnen.

Explosion

Abhängig von der Zusammensetzung sowie der Konzentration der austretenden Gase besteht die Gefahr einer Explosion.

9.2.1 Taktische Maßnahmen

Abhängig vom Alarmierungsstichwort sowie der ersten Erkundungsergebnisse durch die Notrufabfrage wird vom Fahrzeugführer des erstalarmierten Fahrzeuges eine vorläufige Gefahrenbeurteilung vorgenommen. Ist aufgrund dieser Gefahrenbeurteilung ein Austreten giftiger Gase und Dämpfe nicht auszuschließen, so ist zunächst aufgrund der Feuerwehrdienstvorschrift 500 gemäß GAMS-Regel vorzugehen.

Hinweis: Die Anfahrt muss mit der Windrichtung erfolgen.

Das Einsatzfahrzeug ist in ausreichender Entfernung vom Objekt abzustellen. Soweit keine gesicherten Messwerte vorliegen, ist ein Mindestabstand von 100 m einzuhalten. Bei der Fahrzeugaufstellung sind auch entsprechende topographische Gegebenheiten zu berücksichtigen, d.h., das Fahrzeug darf in keinem Fall in einer Senke abgestellt werden.

Bei der Erkundung haben vorgehende Einsatzkräfte die Mindestausstattung gemäß Feuerwehrdienstvorschrift 500 zu tragen, d.h., mindestens dicht schließende Feuerwehrschutzkleidung und Umluft unabhängigen Atemschutz. Soweit vorhanden sind entsprechende Messgeräte (Explosionsgrenzen-Warngerät, Mehrgas-Messgerät) einzusetzen. Aufgrund der möglicherweise vorhandenen Explosionsgefahr dürfen von den vorgehenden Trupps nur ex-geschützte Geräte (zum Beispiel Funkgeräte) genutzt werden.

Zur Erkundung sind vorhandene Feuerwehrpläne oder Feuerwehreinsatzpläne zurate zu ziehen.

Im Rahmen der Erkundung ist zu prüfen, ob sich Personen im Gefahrenbereich befinden.

Soweit erforderlich, ist eine Menschenrettung durchzuführen. Die Notdekontamination ist zu berücksichtigen. Giftige Gase, wie zum Beispiel Schwefelwasserstoff, können sich in der Kleidung der Betroffenen anreichern. Werden diese Personen ohne eine entsprechende Dekontamination einer weiteren Versorgung durch den Rettungsdienst zugeführt, so besteht akute Gefahr für die Einsatzkräfte des Rettungsdienstes, d.h., eine Kontaminationsverschleppung muss in jedem Fall verhindert werden.

Wenn möglich ist ein vorhandener Notstopp der Anlage auszulösen.

Als weitere Maßnahme muss eine Absperrung der Einsatzstelle erfolgen. Soweit keine besonderen Informationen über den ausgetretenen Stoff und die Ausbreitung vorliegen, gelten die Regeln der Feuerwehrdienstvorschrift 500 mit einem inneren Absperrkreis von mindestens 50 m und einer äußeren Absperrung von 100 m. In jedem Fall sind bei der Festlegung der Absperrgrenzen die Windrichtung sowie topographische Gegebenheiten zu berücksichtigen.

Abbildung 37: Absperren der Einsatzstelle (Quelle: Feuerwehr Korbach)

9.2.2 Weitere Maßnahmen

- Leckstelle identifizieren
- Gaszusammensetzung bestimmen
- Wenn möglich Leckstelle schließen, Leitungen abschiebern
- Wenn Abdichten unmöglich, weitere Produktion von Biogas unterbinden
- Wenn ohne zusätzliche Gefährdung möglich, Restgase über Notfackeln sicher abfahren
- Anlage unter strikter Berücksichtigung des Explosionsschutzes belüften

Hinweis: Ist die Quelle der giftigen Gase und Dämpfe eine nicht bestimmungsgemäße chemische Reaktion unterschiedlicher Substrate, so kann davon ausgegangen werden, dass diese bei Eintreffen der Feuerwehr in der überwiegenden Mehrzahl der Fälle bereits abgeschlossen ist. In diesem Fall ist das Ziel des Feuerwehreinsatzes nicht die Bildung bzw. das Freisetzen von Gas aus der Anlage zu verhindern, sondern die Bekämpfung der bereits ausgetretenen Gasmenge.

Abhängig von der Gaszusammensetzung und der Konzentration der Schadgase ist hier auch die Möglichkeit der Verdünnung durch den Einsatz von Lüftern zu prüfen.

9.3 Vorgehensweise bei der Bildung explosiver Gasgemische

Aufgrund des geringen Anteils kann in Bezug auf die Bildung explosiver Gasgemische auf die Berücksichtigung von Schwefelwasserstoff verzichtet werden. Für die Bildung explosiver Gasgemische in Biogasanlagen ist praktisch ausschließlich der Methangasanteil im Biogas verantwortlich.

Abbildung 38: Gasmessanlage (Quelle:Verfasser)

Wie in Kapitel 6 dargestellt, finden wir selbst beim bestimmungsgemäßen Betrieb von Biogasanlagen Bereiche, die der Explosionszone 2 zuzuordnen sind. Damit ergibt sich schon beim bestimmungsgemäßen Betrieb eine Explosionsgefahr. Wird die Feuerwehr im Rahmen eines Einsatzes in diesen Bereichen tätig, so sind die allgemeinen Regeln des Explosionsschutzes einzuhalten. Man spricht in diesem Fall auch von den sekundären Regeln des Explosionsschutzes. Hierunter versteht man die Vermeidung wirksamer Zündquellen in den Bereichen, in welchen eine gefährliche explosionsfähige Atmosphäre (g.e.A.) auftreten kann.

Für den Einsatz in explosionsfähigen Methangas-Atmosphären sind ex-geschützte Geräte der Explosionsgruppe IIC sowie der Temperaturklasse T1 (450 °C) ausreichend.

Durch Lüftungsmaßnahmen kann die räumliche Ausdehnung einer explosionsgefährdeten Zone reduziert werden. Nicht ex-geschützte Lüfter dürfen dabei nur außerhalb der Ex-Bereiche eingesetzt werden.

Darüber hinaus gelten auch hier die Grundregeln des Explosionsschutzes wie:

- Zündquellen vermeiden
- Funkenbildung vermeiden
- Keine elektrischen Schalter betätigen
- Wenn gefahrlos möglich, elektrische Energieversorgung abschalten und gegen Wiedereinschalten sichern
- Nur geschützte Einsatzmittel verwenden

Für das Vorgehen der Feuerwehr bei der Gefahr der Bildung explosionsfähiger Gasgemische in Biogasanlagen gelten grundsätzlich die Regeln der Feuerwehrdienstvorschrift 100 wie sie in Kapitel 8 erläutert wurden.

Das Vorgehen des Einsatzleiters ist abhängig vom Alarmierungsstichwort und von den ersten Erkundungsergebnissen, die durch die Notrufabfrage der Zentralen Leitstelle gesammelt wurden.

Nach dem Gefahrenschema der Feuerwehrdienstvorschrift 100 ist aufgrund der Einsatzmeldung „Gas“ mit folgenden Gefahren zu rechnen:

- Ausbreitung
- Atemgifte
- Explosion

Ausbreitung

Biogas als Gasgemisch breitet sich aufgrund seiner Dichte, die nur geringfügig größer ist als die von Luft, im Bereich der Austrittsstelle vergleichbar wie Umgebungsluft aus. Aufgrund der starken Dichteunterschiede kann es zu einer Entmischung kommen. Das schwerere Kohlenstoffdioxid sammelt sich am Boden, das leichtere Methan im Deckenbereich.

Atemgifte

Methangas zählt bei den Atemgiften zur Gruppe 1 (Sauerstoff verdrängende Wirkung). Das heißt bei ausreichender Sauerstoffkonzentration besteht hier keine unmittelbare Gefahr.

Explosion

Abhängig von der Zusammensetzung sowie der Konzentration der austretenden Gase besteht die Gefahr einer Explosion.

9.3.1 Taktische Maßnahmen

- Mit Windrichtung anfahren
- Einsatzfahrzeuge in sicherer Entfernung (50–100 m) abstellen
- Vorhandene Einsatz- und Objektpläne berücksichtigen
- Zur Erkundung geeignete Messgeräte einsetzen (Explosionsgrenzen-Warngerät, Mehrgasmessgerät)
- Nur ex-geschützte Geräte einsetzen (zum Beispiel Funkgeräte)
- Ist kein Mehrgas-Messgerät verfügbar umluftunabhängigen Atemschutz einsetzen
- Soweit Menschenleben gefährdet sind, zunächst Menschenrettung durchführen
- Wenn möglich Leckstelle schließen, Leitungen abschiebern
- Wenn Abdichten unmöglich, weitere Produktion von Biogas unterbinden
- Notstopp betätigen
- Wenn ohne zusätzliche Gefährdung möglich, Restgase über Notfackeln sicher abfahren
- Anlage unter strikter Berücksichtigung des Explosionsschutzes belüften

9.4 Vorgehen beim Austreten wassergefährdender Flüssigkeiten

Eine allgemein verbindliche Aussage über die Einstufung der in Biogasanlagen eingesetzten Ausgangsstoffe, Zwischenprodukte und Endprodukte in Bezug auf ihre Wassergefährdungsklasse (WGK) ist nicht möglich. Grundsätzlich gilt, dass Jauche, Gülle, Silagesickersaft (JGS), Festmist, Gärreste aus Biogasanlagen wassergefährdende Stoffe ohne WGK-Einstufung sind. Da je nach Anlagentyp auch Stoffe wie Proteinabfälle aus der Tierverwertung, Reststoffe aus der Lebensmittelindustrie und Extraktionsrückstände aus der Pharmaindustrie eingesetzt werden, ist eine eindeutige Einstufung in Wassergefährdungsklassen schwer möglich. Grundsätzlich werden derartige Gärsubstrate thermisch vorbehandelt, um bakteriologische Gefährdungen auszuschließen, dies stellt aber nicht grundsätzlich eine Sicherheit gegen Wassergefährdung dar. Biogas ist i.d.R. WGK 1 (H_2S, NH_3: WGK 2, < 3 %). Da Biogas aufgrund seiner physikalischen Eigenschaften kaum in Oberflächengewässer oder in das Grundwasser eindringen kann, wird auf eine derartige Betrachtung in diesem Zusammenhang verzichtet.

Güllebehälter, Dunglegen, Biogasfermenter, Silagesickersaft-Behälter und Siloplatten sind Anlagen zum Umgang mit wassergefährdenden Stoffen (Umgang im Sinne des Gesetzgebers = Lagern, Abfüllen, Umschlagen, Herstellen, Behandeln, Verwenden). Somit gelten für diese Anlagen grundsätzlich auch die Regelungen des Wasserhaushaltsgesetzes (WHG). Die meisten Biogasanlagen gehören zu landwirtschaftlichen Betrieben und es gilt infolge dessen das sogenannte Landwirtschaftsprivileg des WHG. Gemäß des § 19g Abs. 2 WHG gilt: „...Anlagen zum Lagern und Abfüllen von Jauche, Gülle und Silagesickersäften (JGS) müssen so beschaffen sein und so eingebaut, aufgestellt, unterhalten und betrieben werden, dass der bestmögliche Schutz der Gewässer vor Verunreinigung oder sonstiger nachteiliger Veränderung ihrer Eigenschaften erreicht wird“.

Grundsätzlich kann davon ausgegangen werden, dass Biogasanlagen nicht in Wasserschutzgebieten (WSG) der Zone I und II anzutreffen sind. Ebenfalls muss der Abstand solcher Anlagen zu Trinkwasserbrunnen ausreichend groß und die Lager- und Gärbehälter müssen so angeordnet sein, dass bei eventuell auftretenden Leckagen ein Eindringen von Gärsubstraten sicher verhindert wird.

Trotzdem kann ein Eindringen von wassergefährdenden Stoffen aus Biogasanlagen in das Oberflächenwasser und gegebenenfalls durch Versickerung in das Grundwasser nicht grundsätzlich ausgeschlossen werden.

Nach dem Gefahrenschema der Feuerwehrdienstvorschrift 100 ist aufgrund der Einsatzmeldung „Austreten wassergefährdender Flüssigkeiten“ mit folgenden Gefahren zu rechnen:

- Ausbreitung
- Atemgifte
- Chemische Gefahren
- Explosion
- Erkrankung

Ausbreitung

Abhängig davon, welche Ausgangsstoffe in der Biogasanlage eingesetzt werden und in welchem Bereich der Anlage die Leckage auftritt, können die austretenden Stoffe entweder fest, flüssig oder gasförmig sein (gasförmige Stoffe werden hier nicht betrachtet). Die Ausbreitungseigenschaften sind im Wesentlichen von dem Aggregatzustand des austretenden Stoffes abhängig. In der Regel ist davon auszugehen, dass ein Einsatz für die Feuerwehr primär dann vorliegt, wenn flüssige Stoffe austreten, d.h., es wird mit den Ausbreitungseigenschaften von flüssigen Stoffen zu rechnen sein. Abhängig von der Lage des Behälters (oberirdisch, unterirdisch) sind unterschiedliche Ausbreitungseigenschaften zu berücksichtigen.

Atemgifte

Kommt es zu einem Stoffaustritt im Bereich des Fermenters, so ist davon auszugehen, dass das ausgetretene Gärsubstrat auch außerhalb des Fermenters weiterhin Biogas freisetzt. Abhängig von der Konzentration gelten damit grundsätzlich dieselben Regeln wie in Kapitel 9.2 „Austreten giftiger Gase“ und in Kapitel 9.3 „Bildung explosiver Gasgemische“ dargelegt.

Chemische Gefahren

Neben der bereits unter dem Punkt Atemgifte abgehandelten Giftigkeit ist das Gärsubstrat als wassergefährdende Flüssigkeit einzustufen. Darüber hinaus führt der Eintrag von Gärsubstraten in Oberflächengewässer zu einer sogenannten Eutrophierung. In dessen Folge wird der im Wasser enthaltene Sauerstoff durch bakterielle Vorgänge abgebaut, womit vielen im Wasser lebenden Organismen die Lebensgrundlage entzogen wird.

Erkrankung

Es besteht die Gefahr, dass über die im Gärsubstrat in der Regel enthaltenen Fäkalien potenziell gefährliche Keime in das Trinkwasser gelangen und so zu einer Gesundheitsgefahr für die Verbraucher werden. Ebenso kann es durch Kontakt mit im Gärsubstrat in der Regel enthaltenen Fäkalien durch potenziell gefährliche Keime zu einer Erkrankung kommen. Dies gilt insbesondere für Klärschlamm.

Explosion

Siehe Kapitel 9.3 „Vorgehensweise bei der Bildung explosiver Gasgemische“

9.4.1 Taktische Maßnahmen

- Mit Windrichtung anfahren
- Einsatzfahrzeuge in sicherer Entfernung (50–100 m) abstellen
- Vorhandene Einsatz- und Objektpläne berücksichtigen
- Zur Erkundung geeignete Messgeräte einsetzen (Explosionsgrenzen-Warngerät, Mehrgasmessgerät)
- Nur ex-geschützte Geräte einsetzen (zum Beispiel Funkgeräte)
- Ist kein Mehrgas-Messgerät verfügbar umluftunabhängigen Atemschutz einsetzen
- Soweit Menschenleben gefährdet sind, zunächst Menschenrettung durchführen
- Wenn möglich Leckstelle schließen, Leitungen abschiebern
- Wenn Abdichten unmöglich, weitere Produktion von Biogas unterbinden
- Notstopp betätigen
- Abhängig vom austretenden Stoff Einsatzstelle absperren
- Wenn Abdichten nicht möglich, Behälterinhalt umpumpen
- Eventuell vorhandene Auffangwannen nutzen
- Bei unterirdischen Behältern bis unter die Leckstelle abpumpen, um Eindringen in Grundwasser zu verhindern
- Vorhandene Kanaleinläufe abdichten
- Ausgelaufenen Stoff eindeichen
- Bei Eindringen in Oberflächengewässer: diese vollständig absperren (keine Ölsperren)

- Ausgelaufenes Gärsubstrat sofort aufnehmen/absaugen
- Wenn Abdichten unmöglich, weitere Produktion von Biogas unterbinden
- Notstopp betätigen
- Wenn ohne zusätzliche Gefährdung möglich, Restgase über Notfackeln sicher abfahren
- Anlage nur unter strikter Berücksichtigung des Explosionsschutzes belüften

Abbildung 39: Einsatz Tauchpumpe für Gärsubstrate (Quelle: Behle)

Abbildung 40: Umpumpen von Gärsubstrat (Quelle: Behle)

Abbildung 41: Kanaleinläufe abdichten (Quelle: Feuerwehr Korbach)

Abbildung 42: Ausgelaufenes Gärsubstrat eindeichen (Quelle: Feuerwehr Korbach)

9.5 Einsatz in elektrischen Anlagen

Biogasanlagen dienen in der Regel der Stromerzeugung, d.h., das erzeugte Biogas wird in Gasturbinen oder Gasmotoren verbrannt und in den angeschlossenen Generatoren in elektrischen Strom umgewandelt. Aufgrund der eingespeisten Leistung erfolgt die Netzeinspeisung in der Regel in das 20-KV-Netz. Dazu befinden sich in unmittelbarer Nähe der Generatoren entsprechende Umspanntransformatoren, die die Generatorspannung auf die Netzspannung anheben.

Damit bestehen bei Betriebsstörungen, die auch den Bereich der elektrischen Anlagen betreffen, für die eingesetzten Kräfte Gefahren durch Elektrizität.

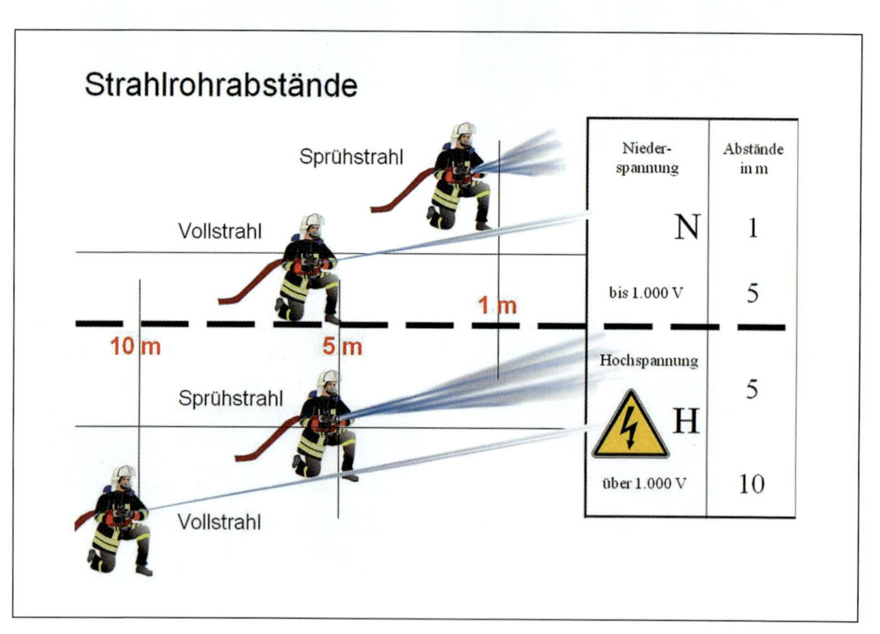

Abbildung 43: Strahlrohrabstände bei elektrischen Anlagen (Quelle: Verfasser)

Biogasanlagen bzw. die daran angeschlossenen Stromerzeuger müssen über eine Notstopp-Einrichtung verfügen *(vgl. Abbildung 14)*. Diese ist im Gefahrenfall auszulösen.

Durch das Abschalten der Generatoren ist nur eine sehr bedingte Sicherheit gegen elektrische Gefahren erreicht. Da bei praktisch allen Anlagen eine direkte Netzeinspeisung erfolgt und durch den Notstopp des Stromerzeugers nur die generatorseitige Stromversorgung abgeschaltet wird, steht netzseitig immer noch eine Spannung von in der Regel 20.000 V oder höher an.

9.5.1 Taktische Maßnahmen

Bei Störfällen in einer Biogasanlage, von der auch die Stromerzeugung betroffen ist, ist nach erfolgtem Notstopp sofort eine netzseitige Trennung der Hochspannung durch den Netzbetreiber zu veranlassen.

Menschenrettung nur durchführen, wenn eine Eigengefährdung der Einsatzkräfte durch den elektrischen Strom ausgeschlossen ist.

Bis zur netzseitigen Freischaltung ist der erforderliche Sicherheitsabstand einzuhalten.

Im Brandfall geeignete Löschmittel verwenden. Bei Einsatz von Strahlrohren sind die Mindestabstände gemäß VDE 0132 (Sicherheitsabstände bei der Brandbekämpfung in elektrischen Anlagen) unbedingt einzuhalten.

Da bei einer Notabschaltung systembedingt weiterhin Biogas produziert wird, muss aufgrund der in der Regel äußerst geringen Speicherkapazitäten für Biogas, das produzierte Gas über Notfackeln sicher entsorgt werden (ggf. mobile Gasfackel anfordern).

9.6 Gefahr durch Hochwasser

In der Regel kann davon ausgegangen werden, dass sich Biogasanlagen nicht in hochwassergefährdeten Bereichen befinden. In Ausnahmefällen besteht diese Möglichkeit. Derartige Anlagen verfügen dann über entsprechende Sicherheitsmaßnahmen, die im Falle eines Hochwassers eine Gefährdung der Umwelt möglichst ausschließen.

Durch die zunehmende Zahl wetterbedingter Hochwasser, kann eine Gefährdung einer Biogasanlage durch Hochwasser aber nicht ausgeschlossen werden.

Neben möglichen elektrischen Gefahren besteht in erster Linie die Möglichkeit einer Umweltgefährdung durch das Freisetzen wassergefährdender Flüssigkeiten. Grundsätzlich gelten hier dieselben Grundsätze, wie sie bereits in Kapitel 9.4 „Austreten wassergefährdender Flüssigkeiten" behandelt wurden.

Darüber hinaus ist im Falle eines Hochwassers insbesondere die Gefahr durch das Aufschwimmen von Behältern zu berücksichtigen. Dies gilt insbesondere für nur teilweise gefüllte Vorrats- oder Gärbehälter. In diesen Fällen ist durch geeignete Maßnahmen ein mögliches Aufschwimmen zu verhindern. Hierzu kommt in erster Linie ein weiteres Befüllen des Behälters infrage, um so das Gewicht so weit zu erhöhen, dass ein Aufschwimmen sicher verhindert wird.

Weiterhin sind betroffene Anlagen sofort abzuschalten und sämtliche Schieber zu schließen.

Die Elektroeinspeisung ist netzseitig durch den Energieversorger zu trennen.

9.7 Gefahr durch Sturm

Die überwiegende Zahl der Biogasanlagen verfügt über Fermenter, die mit einer Folienabdeckung gasdicht verschlossen sind. Diese Folienabdeckungen werden entweder durch entsprechende Unterkonstruktionen gestützt oder sind als selbsttragende Konstruktion ausgelegt. Bauartbedingt sind diese Foliendächer bis zu einer Windgeschwindigkeit von ca. 100 km/h im Binnenland und von ca. 150 km/h in Starkwindgebieten (Küste) – kann je nach Hersteller leicht abweichen – ausreichend standfest. Bei zu großer Windbelastung besteht die Gefahr der Beschädigung und damit ein Verlust der Dichtigkeit.

Aufgrund der zur Beschädigung erforderlichen sehr hohen Windgeschwindigkeiten wird das freigesetzte Gas normalerweise sofort so stark verdünnt, dass weder eine Gesundheitsgefahr noch eine Explosionsgefahr besteht.

In Folge der Beschädigung kann es jedoch bei nachlassender Windgeschwindigkeit zu einer Freisetzung und Ansammlung von Gas im Bereich der Anlage kommen.

Im Falle einer Beschädigung der Folienabdeckung ist daher die Anlage sofort abzuschalten. Insbesondere bei nachlassender Windgeschwindigkeit ist die Umgebung ständig zu kontrollieren, um eine Bildung gefährlicher Gaskonzentrationen zu verhindern.

Abbildung 44: Befestigung Foliendach (Quelle: Behle)

Abbildung 45: Abdichtung Foliendach (Quelle: Behle)

Abbildung 46a und b: Belüftung Foliendach (Quelle: Verfasser)

9.8 Abschließende Maßnahmen

Eine Übergabe der Anlage an den Betreiber durch die Feuerwehr kann nur erfolgen, wenn durch entsprechende Messungen nachgewiesen wurde, dass keine giftige Atmosphäre mehr besteht sowie deren Neubildung hinreichend sicher ausgeschlossen werden kann und somit keine unmittelbare Gefahr sowohl für den Betreiber als auch die Umgebung von der Anlage ausgeht.

Vor der Übergabe der Einsatzstelle ist die zuständige Aufsichtsbehörde zu informieren.

Der Betreiber ist durch den Einsatzleiter darauf hinzuweisen, dass die Übergabe der Einsatzstelle nicht mit einer Freigabe gleichzusetzen ist und dass eine Wiederinbetriebnahme der Anlage erst nach Freigabe durch die Aufsichtsbehörde erfolgen darf.

9.9 Selbstkontrolle und Testfragen

(Lösungen siehe Seite 112)

1. Welche Aussage über den Einsatz der Feuerwehr in Biogasanlagen ist richtig?

a) Nach einem Feuerwehreinsatz erteilt der Einsatzleiter dem Betreiber die Freigabe für den weiteren Betrieb der Anlage.
b) Die Übergabe der Einsatzstelle an dem Betreiber durch den Einsatzleiter der Feuerwehr stellt keine Freigabe für den weiteren Betrieb der Anlage dar.
c) Die Freigabe für den weiteren Betrieb einer Biogasanlage nach einem Feuerwehreinsatz erteilt die zuständige Polizeidienststelle.

2. Welche Aussage über den Einsatz der Feuerwehr in Biogasanlagen ist richtig?

a) Die Feuerwehr braucht sich über Gefährdung des Grundwassers bei Störfällen in Biogasanlagen keine Gedanken machen, da diese Anlagen niemals in Grundwasserschutzgebieten zugelassen werden.
b) Ausgetretenes Gärsubstrat ist guter Dünger und braucht selbst beim Austreten in größeren Mengen nicht aufgefangen werden.
c) Das Eindringen von Gärsubstraten in Oberflächengewässer muss in jedem Fall verhindert werden.

3. Welche Aussage über den Einsatz der Feuerwehr in Biogasanlagen ist richtig?

a) Grundsätzlich verfügt jede Biogasanlage über Feuerwehreinsatzpläne und Feuerwehrpläne, die dem Einsatzleiter sämtliche Fragen zur Biogasanlage beantworten können.
b) Insbesondere bei kleineren Biogasanlagen kann nicht davon ausgegangen werden, dass für das entsprechende Objekt Feuerwehrpläne bzw. Feuerwehreinsatzpläne erstellt wurden.

c) Das Ex-Schutzdokument ist nur für den Normalbetrieb einer Biogasanlage erforderlich und braucht vom Einsatzleiter im Falle einer Havarie nicht berücksichtigt zu werden.

4. Welche Aussage über Biogas ist richtig?

a) Biogas ist ein Gemisch aus mehreren Gasen, welches etwa die gleiche Dichte hat wie Luft.
b) Biogas ist ein Gemisch aus mehreren Gasen, welches wegen seines hohen Methangasanteils wesentlich leichter ist als Luft.
c) Biogas ist ein Gemisch aus mehreren Gasen, welches etwa die doppelte Dichte hat wie Luft.

5. Welche Aussage über Biogas ist richtig?

a) Biogas ist ein Atemgift mit ausschließlich Sauerstoff verdrängender Wirkung.
b) Biogas ist ein Atemgift mit ausschließlicher Wirkung auf Blut, Nerven und Zellen.
c) Biogas ist ein Gemisch aus mehreren Gasen, welches sowohl Gase mit Sauerstoff verdrängender Wirkung wie auch Gase mit Wirkung auf Blut, Nerven und Zellen enthält.
d) Biogas kann in Verbindung mit Luft explosionsfähige Gemische bilden.

10 Erforderliche Einsatzmittel bei Störfällen in Biogasanlagen

10.1 Besondere Schutzausrüstung

Aufgrund der fehlenden Informationen über Zusammensetzung und Konzentration der Atemgifte ist gemäß den in der Feuerwehrdienstvorschrift Atemschutz festgelegten Richtlinien die Verwendung von umluftunabhängigem Atemschutz angezeigt. Im Außenbereich, wie zum Beispiel bei der Dekontamination, ist in der Regel der Feuerwehr-Standardfilter ABEK2-P3 ausreichend, da dieser sowohl gegen Schwefelwasserstoff wie auch gegen Ammoniak schützt.

Beim Körperschutz unterscheidet die Feuerwehrdienstvorschrift 500 zwischen den Formen 1, 2 und 3.

Bei der Brandbekämpfung ist die Form 1 durchgängig zu tragen, da hier in der Regel das thermische Risiko höher zu bewerten ist als eine mögliche Kontamination.

Die Form 2 schützt ausschließlich gegen eine Kontamination mit festen und begrenzt auch mit flüssigen Stoffen, ist aber nur eingeschränkt gasdicht. Das heißt, ist aufgrund der Erkundungsergebnisse mit der Gefahr von Atemgiften, wie zum Beispiel Schwefelwasserstoff, zu rechnen, besteht die Notwendigkeit zur Verwendung von Körperschutz der Form 3.

10.2 Messgeräte

Biogas ist ein Gasgemisch mit variabler Zusammensetzung sowohl bezüglich der Gasarten wie auch der jeweiligen Konzentration, d.h., im Einzelfall können Literaturwerte nur bedingte Aussagekraft haben. Genaue Auskunft über die tatsächliche Zusammensetzung im Einzelfall können nur geeignete Messgeräte liefern.

Explosionsgrenzen-Warngerät

Zur stoffunspezifischen Messung explosionsfähiger Gas/Dampf-Luftgemische, werden Explosionsgrenzen-Warngeräte angewendet, die aufgrund verschiedener Sensortechniken und Kalibrierungen unterschiedliche Empfindlichkeiten besitzen. Soweit möglich, sollten auf Methan kalibrierte Explosionsgrenzen-Warngeräte verwendet werden. Die bei der Feuerwehr im Einsatz befindlichen Explosionsgrenzen-Warngeräte sind in der Regel auf das Prüfgas Methan abgeglichen.

Mehrgasmessgerät

Mehrgasmessgeräte sind in der Regel ausgelegt für die gleichzeitige und kontinuierliche Messung von bis zu fünf Gasen. Als Messsensoren kommen elektrochemische, katalytische und Infrarot-Sensoren zum Einsatz. In dem Gerät können teilweise bis zu 25 verschiedene Sensoren zur Gasmessung eingesetzt werden, gleichzeitig jedoch nur fünf verschiedene Sensoren. Eine häufig gewählte Kombination an Sensoren besteht aus:

- CO_2: Kohlenstoffdioxid (Kohlendioxid) in Vol.-%
- CH_4: Methylwasserstoff (Methan) nach UEG (untere Explosionsgrenze)

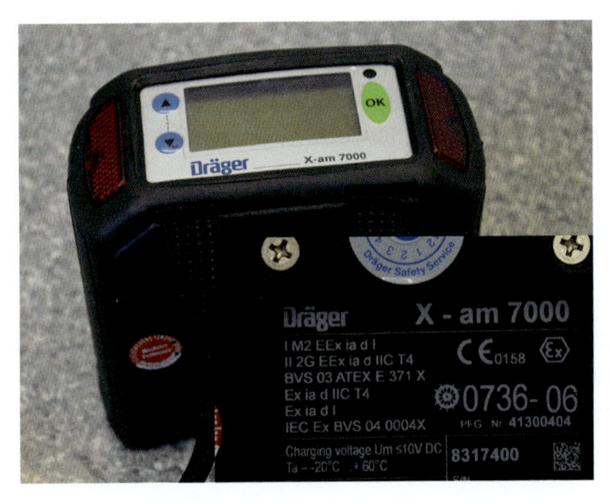

Abbildung 47: Mehrgasmessgerät (Quelle: Verfasser)

- H_2S: Schwefelwasserstoff in ppm (parts per million)
- CO: Kohlenmonoxid in ppm (parts per million)
- O_2: Sauerstoff in Vol.-%

Bei diesem Messgerät ist insbesondere auf die Kopplung von Ex-Sensoren und Sauerstoffsensoren zu achten. Ist in der zu messenden Luft kein ausreichender Sauerstoff vorhanden, kann es hier zu Fehlmessungen kommen. Viele der heute eingesetzten Geräte koppeln daher die Messwerte von Sauerstoff und Ex-Sensoren, um diesen Fehler zu kompensieren.

Photoionisationsdetektor (PID)

Der Photoionisationsdetektor (PID) ist ein kontinuierlich arbeitender, direkt anzeigender Detektor, der zum Spüren und Messen von Gefahrstoffen benutzt wird. Der PID eignet sich aufgrund dieses Sachverhaltes sehr gut zur Detektion von luftgetragenen Schadstoffen.

Voraussetzung dafür, dass Schadstoffe detektiert werden, ist, dass sie sich aufgrund ihrer Struktur – ihrer molekularen Eigenschaften – durch das Prinzip der Photoionisation bestimmen lassen. Das Ionisierungspotenzial der zu messenden Substanzen muss dabei unterhalb der eingestrahlten Energie, typischerweise von 10,2 eV bzw. 11,8 eV, liegen.

Der Photoionisationsdetektor ist unter anderem zur Detektion von Methan, Ammoniak und Schwefelwasserstoff geeignet. Damit ist er ein mögliches Messgerät für den Einsatz in Biogasanlagen.

Hinweis: Der auf dem ABC-Erkundungskraftwagen hauptsächlich verwendete Photoionisationsdetektor ist nicht explosionsgeschützt.

Ionen-Mobilitätsspektrometer (IMS)

Ionen-Mobilitätsspektrometer (IMS) dienen zum Spüren und Messen polarer Stoffe in der Luft. Mit einem IMS können unbekannte, luftgetragene Stoffe identifiziert und auch mengenmäßig bestimmt werden. Für die Identifizierung wird eine EDV-gestützte Stoffbibliothek genutzt.

Das Ionen-Mobilitätsspektrometer auf dem ABC-Erkundungskraftwagen ist unter anderem zur Detektion von Ammoniak und Schwefelwasserstoff geeignet. Damit ist er ein mögliches Messgerät für den Einsatz in Biogasanlagen.

Prüfröhrchen

Die bei der Feuerwehr eingesetzten Gasmessgeräte auf der Basis von Prüfröhrchen sind diskontinuierlich arbeitende Messgeräte. Da bei Störfällen in Biogasanlagen kontinuierliche Konzentrationsmessungen unter anderem zur Festlegung von Absperrgrenzen erforderlich sind, sind Prüfröhrchen nur bedingt einsetzbar.

Kontinuierlich arbeitende Messgeräte wie Ionen-Mobilitätsspektrometer, Photoionisationsdetektoren und Mehrgasmessgeräte sind daher bevorzugt einzusetzen.

10.3 Sinkkastenschnellverschlüsse/Kanaldichtkissen

Sinkkastenschnellverschlüsse wie Kanaldichtkissen können sowohl eingesetzt werden, um ein Eindringen von ausgetretenen Gärsubstraten in die Kanalisation zu verhindern als auch im Rahmen einer Löschwasserrückhaltung.

Abbildung 48: Kanaldichtkissen (Quelle: Verfasser)

Rohr- und Kanaldichtkissen sind runde bis zylindrische, formstabile Rohreinsätze, die zum Stopfen von Rohröffnungen, Gullyeinläufen usw. bestimmt sind. Sie sind in der Regel aus synthetischem Kautschuk gefertigt, der mit Nylongewebe verstärkt wird. Die Dichtkissen sind mit einer selbstschließenden Schnellschlusskupplung ausgestattet, über die mittels Pressluft ein entsprechender Betriebsüberdruck von bis zu 1,5 bar in den Dichtkissen erzeugt wird.

Sinkkastenschnellverschlüsse stehen in verschiedenen Formen zur Verfügung. In Form konisch zulaufender Plastikzylinder, die im Einsatzfall auf den Kanaleinlauf gesetzt und zum Beispiel mit Wasser gefüllt werden können, sind diese Einsatzmittel auf verschiedenen Einsatzfahrzeugen zu finden. Im industriellen Bereich werden teilweise Metallplatten mit darunter befindlichen Dichtmatten eingesetzt, die den Kanaleinlauf vollflächig abdecken und abdichten.

Abbildung 49a und b: Kanaleinlauf-Abdichtung (Quelle: Verfasser)

10.4 Gefahrgutpumpen/Schmutzwasserpumpen

Ausgetretene Gärsubstrate müssen im Einsatzfall aufgenommen werden. Dies erfolgt mittels spezieller Saugwagen oder geeigneten Pumpen. Feuerlöschkreiselpumpen sind in der Regel nicht geeignet, Gärsubstrate aus Biogasanlagen zu fördern, da der max. Korndurchlass bei 10 mm liegt. Zur Förderung dieser Stoffe sind spezielle Schmutzwasserpumpen erforderlich.

Abbildung 50: Schmutzwasserpumpe (Quelle: Spechtenhauser Pumpen GmbH)

Ist ein Umpumpen von Biogasanlagen-Substrat nötig, bietet sich der Einsatz von mobilen Schmutzwassertauchpumpen an. Diese Pumpen verfügen über einen Korndurchlass von bis zu 80 Millimetern ohne Ansaugsieb, um im Medium enthaltene Feststoffe ohne zu Verstopfen abzupumpen. Um die größtmögliche Förderleistung zu erreichen, sollten formstabile Schläuche verwendet werden. In explosionsgefährdeten Bereichen ist auf eine ex-geschützte Pumpe (ATEX zugelassen) zurückzugreifen.

Am Einsatzort werden zuerst die örtlichen Gegebenheiten auf das Vorhandensein von Pumpensümpfen bzw. geeignete Aufstellörtlichkeiten für die Pumpen sowie Ableitmöglichkeiten für das Medium überprüft. Bei sehr tiefen oder großen Behältern empfiehlt sich der Einsatz mehrerer Pumpen, um eine möglichst hohe Förderleistung zu gewährleisten. Vor dem Pumpeneinsatz ist eine Gasmessung durchzuführen, um festzustellen, ob ex-geschützte Pumpen benötigt werden. Vor dem Eintauchen muss die Pumpe auf ordnungsgemäße Funktion überprüft werden. Die Pumpe sowie die druckseitig angebrachten formstabilen Schläuche sind ebenso wie das Ausflussrohr mit einer geeigneten Arbeitsleine zu sichern.

Während des Pumpbetriebs muss die Ansaugöffnung komplett untergetaucht sein. Während des Betriebes der Pumpe dürfen sich keine Personen im Fördermedium aufhalten. Sehr zähes Substrat sollte durch Zugabe von Wasser verdünnt und von außen fließfähig gehalten werden.

Nach dem Pumpbetrieb sind die Pumpe sowie das Laufrad gründlich zu reinigen.

10.5 Auffangbehälter

Die bei der Feuerwehr üblicherweise verwendeten Auffangbehälter sind in der Regel auch ausreichend beständig, um Gärsubstrate aus Biogasanlagen aufzunehmen. In der Regel dürften jedoch die aufzufangenden Mengen das Speichervolumen der üblicherweise von der Feuerwehr vorgehaltenen Auffangbehälter bei Weitem übersteigen.

10.6 Selbstkontrolle und Testfragen

(Lösungen siehe Seite 112)

1. Über welche Einsatzmittel verfügt die Feuerwehr zum Abdichten von Kanaleinläufen?

a) Sinkkastenschnellverschlüsse
b) Kanaldichtkissen
c) Kanalsaugwagen
d) Die Kanaleinläufe bei Biogasanlagen verfügen serienmäßig über Schieber.

2. Welche Messgeräte eignen sich für den Einsatz der Feuerwehr bei Biogasanlagen?

a) Explosionsgrenzenwarngerät
b) Mehrgasmessgerät
c) Prüfröhrchen
d) Photoionisationsdetektor
e) Ionen-Mobilitätsspektrometer

3. Was ist beim Einsatz von Umfüllpumpen beim Feuerwehreinsatz in Biogasanlagen zu berücksichtigen?

a) Umfüllpumpen müssen in jedem Fall explosionsgeschützt sein.
b) Umfüllpumpen, die im Inneren des Fermenters eingesetzt werden, müssen in jedem Fall explosionsgeschützt sein.
c) Feuerlöschkreiselpumpen sind in der Regel nicht geeignet, Gärsubstrate aus Biogasanlagen zu fördern.

4. Was ist beim Einsatz von Atemschutz in Biogasanlagen zu berücksichtigen?

a) Beim Einsatz in Biogasanlagen muss in jedem Fall umluftunabhängiger Atemschutz eingesetzt werden.
b) Ist die Konzentration der Gase bekannt, können im Freien Filtergeräte eingesetzt werden.
c) Der Standardfilter ABEK2-P3 darf bei Vorhandensein von Schwefelwasserstoff nicht eingesetzt werden.

11 Literatur- und Quellenverzeichnis

Feuerwehrdienstvorschrift 100 („Führung und Leitung im Einsatz“)

Feuerwehrdienstvorschrift 500 („Einheiten im ABC-Einsatz“)

Zwölfte Verordnung zur Durchführung des Bundes-Immissionsschutzgesetzes (Störfall-Verordnung – 12. BImSchV) vom 8. Juni 2005 (BGBl. I, Nr. 33, S. 1598), zuletzt geändert durch Artikel 5 Abs. 4 der Verordnung vom 26. November 2010 (BGBl. I, Nr. 59, S. 1643)

Taschenkarte für den Feuerwehreinsatz Biogas-Anlagen, VdF NRW

Möhring, Hübel; „Brand in einer Biogasanlage fordert Feuerwehr gleich mehrfach“; Brandschutz 9/12 S. 694 ff.

Biogashandbuch Bayern, Bayerisches Staatsministerium für Umwelt, Gesundheit und Verbraucherschutz, Stand: Juli 2007

„Checkliste für Feuerwehreinsätze in Biogasanlagen“, Brandschutz 3/08 S. 168

Einsatz bei Photovoltaik-, Windenergie- und Biogasanlagen (Standard-Einsatz-Regeln); Besch et al., Landsberg am Lech, 2012

„Erdgas und Biogas Leitfaden für Feuerwehren“; Erdgas Südwest GmbH Siemensstraße 9, 76275 Ettlingen

„Explosionsschutz Grundlagen“; Siemens AG Automation and Drives; Stand 4/2005

BARTEC Broschüre Grundlagen Explosionsschutz – 11. überarbeitete Auflage – Ausgabe 2012

„Biogasanlagen, Hinweise für den Einsatzleiter“; Landesfeuerwehrschule Baden-Württemberg, 2011

Merkblatt M-001- Brandschutz bei Biogasanlagen; Fachverband Biogas e.V.; Stand 2010

Merkblatt für den Feuerwehreinsatz bei Biogasanlagen, vfdb; 2012

Grundsätze für die Sicherheit von Biogasanlagen (Sicherheitsregeln); SVK Biogas; Stand: 02/2012

Gefahrstoff Datenblatt Biogas; BG RCI 2012

„Leitfaden Biogas"; Innenministerium des Landes Schleswig-Holstein, Landesfeuerwehrschule; 03/2012

Ein besonderer Dank für die Unterstützung bei der Erstellung dieser Unterlage gilt Herrn Toni Baumann (Kompost-Toni), Sachverständiger für BGA.

Notizen

Lösungen zu Kapitel 1.4: 1. b); 2. a), b) und c); 3. a); 4. b)

Lösungen zu Kapitel 2.6: 1. b) und c); 2. c); 3. b)

Lösungen zu Kapitel 4.7: 1. a); 2. a), b) und c); 3. b); 4. b)

Lösungen zu Kapitel 5.3: 1. c); 2. b); 3. c); 4. a), b) und c)

Lösungen zu Kapitel 6.1: 1. a), b), c) und d); 2. a); 3. b); 4. a), b) und c)

Lösungen zu Kapitel 7.4: 1. c); 2. c); 3. a), b) und c); 4. b)

Lösungen zu Kapitel 8.3: 1. a)und b); 2. b); 3. a); 4. a), b) und c)

Lösungen zu Kapitel 9.9: 1. b); 2. c); 3. b); 4. a); 5. c) und d)

Lösungen zu Kapitel 10.6: 1. a)und b); 2. a), b), d) und e); 3. b) und c); 4. a) und b)